西安石油大学优秀学术著作出版基金

电阻率成像测井技术

康正明　柯式镇　著

中国石化出版社

图书在版编目(CIP)数据

电阻率成像测井技术 / 康正明，柯式镇著. —北京：
中国石化出版社，2022.7
ISBN 978-7-5114-6744-7

Ⅰ. ①电… Ⅱ. ①康… ②柯… Ⅲ. ①电阻率-成像
测井-研究 Ⅳ. ①P631.8

中国版本图书馆 CIP 数据核字(2022)第 109696 号

中国石化出版社出版发行
地址：北京市东城区安定门外大街 58 号
邮编：100011　电话：(010)57512500
发行部电话：(010)57512575
http://www.sinopec-press.com
E-mail：press@sinopec.com
北京科信印刷有限公司印刷
全国各地新华书店经销
*
710×1000 毫米 16 开本 8.75 印张 158 千字
2022 年 9 月第 1 版　2022 年 9 月第 1 次印刷
定价：52.00 元

前　言

我国低渗透油气藏资源量巨大，是当前油气勘探开发的重点领域与重要方向。其中，含裂缝和洞穴等储层具有非均质性强、测井预测难度大的特点。电阻率成像测井对该类储层具有较好的应用效果，高分辨率图像不仅可以直观显示井壁附近裂缝等地质体，还可以进行地质体相关参数的计算，对裂缝等储层精细评价非常重要。为了适应石油勘探钻井活动，随钻电阻率成像测井技术也逐渐趋于成熟。相比于电缆电阻率成像测井，随钻电阻率成像测井还可以准确监测井下环境并获取井下工程地质参数，可满足裂缝等储层在定向井中的实时地质导向。

本书对电缆电阻率成像测井和随钻电阻率成像测井分别展开理论研究。针对电缆成像测井研发了一套岩石微电扫描成像系统，用于实验室岩心电阻率图像的物理模拟，并建立了相关数值模拟方法，验证了系统的可靠性。针对随钻电阻率成像测井建立了物理模拟实验环境和数值模拟模型，并分析了典型地层和复杂地层的测井响应特征。在此基础上，对电阻率成像测井数据处理技术中图像的预处理、滤波方法和图像增强等进行了介绍。最后，基于理论研究结果，系统总结了电缆电阻率成像测井和随钻电阻率成像测井解释方法，并建立了裂缝等地质体参数解释模型。

本书的出版旨在为电阻率成像测井仪器的应用提供一定的理论支撑。需要特别指出的是，电阻率成像测井数据处理和地层参数解释领域仍然存在很多问题需要解决。特别是随着人工智能技术的发展，未来对成像测井的数据处理、裂缝等地质体自动拾取和相关参数计算将会有更多有意义的工作值得开展。希望本书的出版能起到抛砖引玉的作用。

全书共分5章，具体安排如下：

第1章介绍了电缆电阻率成像测井和随钻电阻率成像测井的基本理论，并着重介绍了国内外随钻电阻率成像测井仪器的发展现状和趋势，该章由康正明撰写。

第2章介绍了岩石微电扫描成像系统，并通过数值模拟和物理模拟结果验证了系统的可靠性，该章由柯式镇撰写。

第3章建立随钻电阻率成像测井仪器的物理模拟简易环境和数值模拟模型，分析了仪器在典型地层和裂缝、洞穴地层的测井响应特征，该章由康正明撰写。

第4章介绍了一些与图像有关的预处理、滤波处理和图像增强等技术，该章由柯式镇撰写。

第5章介绍了电缆电阻率成像测井和随钻电阻率成像测井在裂缝地层等复杂地层的解释方法，该章由康正明撰写。

本书得到了国家自然基金(基金编号：42074126、U19B6003)和陕西省自然科学基础研究计划项目(项目编号：2021JQ-590)的大力支持，写作过程中参考了大量文献。同时，西南石油大学贾将老师和张冰提供了部分图件，研究生秦浩杰、博宏伟等协助制作了相关图件，在此一并表示诚挚的谢意。

由于作者水平有限，书中难免存在错误和不足之处，恳请广大读者批评指正。

目　　录

第 1 章　电阻率成像测井技术基础 ……………………………… (1)

第 1 节　理论基础 ……………………………………………… (1)

第 2 节　仪器发展现状与趋势 ………………………………… (11)

第 2 章　电缆电阻率成像测井仪器模拟 ……………………… (16)

第 1 节　岩心电阻率扫描成像实验系统 ……………………… (16)

第 2 节　岩心电阻率扫描成像数值模拟 ……………………… (21)

第 3 节　仪器常数研究 ………………………………………… (24)

第 3 章　随钻电阻率成像测井仪器模拟 ……………………… (27)

第 1 节　物理模拟基础 ………………………………………… (27)

第 2 节　数值模拟理论基础 …………………………………… (36)

第 3 节　典型地层测井响应 …………………………………… (42)

第 4 节　裂缝地层测井响应 …………………………………… (47)

第 5 节　洞穴地层测井响应 …………………………………… (58)

第 4 章　电阻率图像处理技术 …………………………………………（66）
第 1 节　图像预处理 ………………………………………………………（66）
第 2 节　图像生成 …………………………………………………………（72）

第 5 章　电阻率成像测井解释方法 ……………………………………（81）
第 1 节　电缆电阻率成像测井解释方法 …………………………………（81）
第 2 节　随钻电阻率成像测井解释方法 …………………………………（106）

参考文献 ……………………………………………………………………（127）

第1章　电阻率成像测井技术基础

随着油气田勘探的深入，对储层的描述也愈加精细。在常规测井方法基础上，产生了井壁成像测井技术。井壁成像测井提供类似岩心的直观、高清和细致的井壁图像，为测井家和地质家了解井下地质构造提供了重要信息。常见的井壁成像测井包括光学成像测井、声波成像测井和电阻率成像测井等，电阻率成像测井又分为电缆电阻率成像测井(地层微电阻率成像测井)和随钻电阻率成像测井。本章首先对电缆电阻率成像测井仪结构和原理进行简单介绍，然后详细介绍了随钻电阻率成像测井基本原理，最后总结了国内外随钻电阻率成像测井仪器的现状和发展趋势。

第1节　理论基础

一、电缆电阻率成像测井

测井起源于法国，1927年9月，法国人斯伦贝谢兄弟发明了电测井，并用于煤和油气的勘探。测井自诞生以来，已经历了4个阶段，即模拟记录阶段、数字测井阶段、数控测井阶段和成像测井阶段。成像测井最早起源于1969年美孚公司的Zemanek等应用超声成像技术研制的第一代井下电视测井BHTV。随后，美国石油公司的Wiley(1980年)、Broding(1981年)以及壳牌公司的Rambow(1984年)等人相继改进美孚公司的设计，改善了井下电视测井BHTV的成像功能，使得BHTV的图像分辨率大大提高。最后，美国西方阿特拉斯公司改进换能器的设计并增加扫描频率，使仪器能在密度较大的水基泥浆中工作，获得了高分辨率的清晰的井下电视图像，成功研制出井周声波成像测井仪CBIL。

在电阻率成像测井方面，斯伦贝谢的道尔研究中心选择了微电阻率扫描成像测井仪器作为突破口，进行了阵列电极测量、成像原理等基础研究，取得了可喜的成果。于1986年推出了微电阻率扫描仪FMS。随后又对该仪器进行了改进，发展成为全井眼地层微电阻率数字成像测井仪FMI，之后又相继推出阵列感应成像仪AIT、偶极横波成像仪DSI以及成套的多功能采集与成像系统MAXIS-500。

此外，西方阿特拉斯公司和哈里伯顿公司也相继推出 ECLIPS－2000(5700 或 CLS－2)和 EXCELL－2000 成像测井系列。在这 3 套成像测井系列中，井壁电阻率成像测井仪主要有斯伦贝谢公司的全井眼微电扫描成像仪 FMI、哈里伯顿公司的 EMI 和西方阿特拉斯公司的 STAR Imager，它们的纽扣电极尺寸及结构相同，排列方式和探测深度相近。

以全井眼地层微电阻率成像仪 FMI 为例，介绍井壁电阻率成像测井的原理，其他的如 STAR Imager 和 EMI 的测量原理与 FMI 均相同。全井眼地层微电阻率成像仪 FMI 的极板如图 1－1 所示，关键部件是 4 个相互垂直、推靠井壁的推靠臂，每个推靠臂带一个极板和一个翼板(见图 1－2)。每个极板和翼板上有 24 个电极，用以获取 192 条微电阻率曲线。纽扣电极直径为 0. 41cm，绝缘环外径为 0. 61cm，电极排距为 0. 76cm。测量时，整个极板保持等电位，总电流也为固定值，测量每个纽扣电极的电流，然后根据极板电位及每个纽扣电极电流计算出每个纽扣电极的接地电阻率，对这些接地电阻率进行归一化刻度后，将其转化为灰度值并以图像形式显示。因此，FMI 测井实际上测量的是纽扣电极附近探测范围内电阻率异常的分布情况，而不是电阻率本身。FMI 的探测深度为 2. 5～5cm。另外，在测

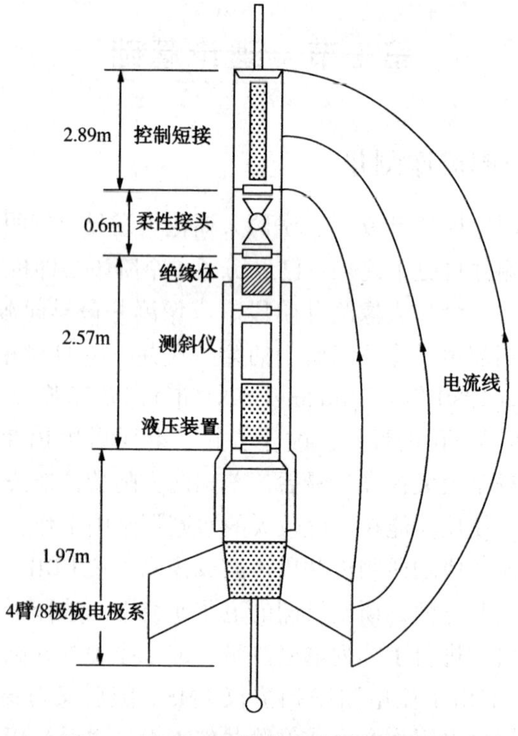

图 1－1　FMI 成像测井仪的测量原理图

量过程中，为避免井周方向上的取样不足，每个极板上的两排纽扣电极相互错开0. 25cm。同理，在纵向(深度方向)上采样间距取两排电极间距的三分之一，以弥补纵向分辨率的不足。

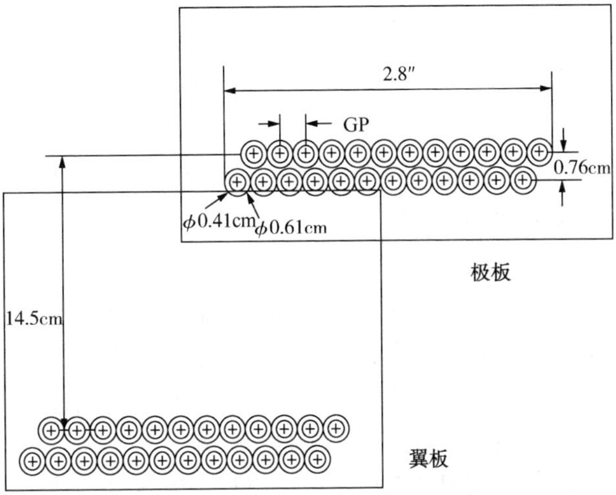

图 1-2　FMI 的电极阵列示意图

EMI 采用六壁六个极板，每个极板上有两排 25 个纽扣电极，共 150 个。纽扣电极的尺寸与相对位置与 FMI 相同。STAR Imager 也采用六壁六个极板，每个极板上有两排 24 个纽扣电极，共 144 个，纽扣电极的尺寸及相对位置与 FMI 相同。

二、随钻电阻率成像测井

随钻电阻率成像测井具有两种聚焦方法：一种是电路直接给钻铤供电流聚焦；另一种是通过螺绕环供电，并在钻铤上产生感应电流聚焦。如图 1-3 所示，绕在环形线圈上的螺旋形线圈称为螺绕环。商业化的随钻电阻率成像测井仪器大多采用第二种方法，它可以有效减小仪器在钻进过程的磨损，满足高温、高压的钻井环境的需要。

大部分电磁学的教材中由安培环路定律推导得出均匀无限密绕的螺绕环或者螺绕环很细(螺绕环每个线圈半径小于环半径)时内部磁场不为零，而外部磁场为零的结论。

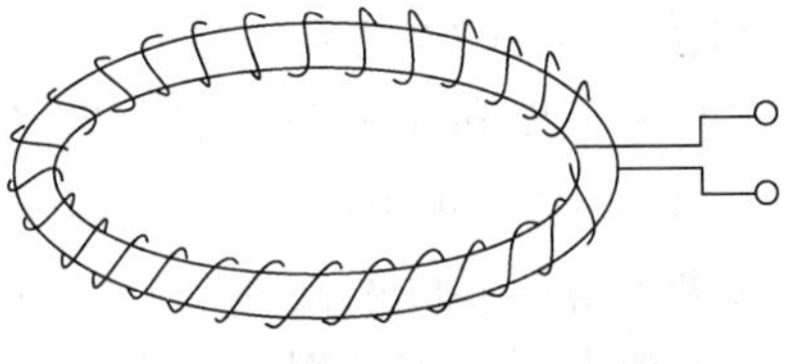

图 1-3　螺绕环结构示意图

根据安培环路定律，螺绕环内部磁场满足：

$$
\begin{cases}
\oint_L B \cdot \mathrm{d}l = B \cdot 2\pi r \\
B \cdot 2\pi r = \mu_0 NI \\
B = \dfrac{\mu_0 NI}{2\pi r}
\end{cases} \tag{1-1}
$$

式中，B 为磁感应强度；r 为螺绕环半径；μ_0 为真空磁导率；N 为匝数；I 为电流。

对于螺绕环外任意一点，过该点作一与螺绕环共轴的圆作为积分的路径，由于 $\sum I_{in}=0$，所以螺绕环外部磁场满足：

$$
B=0 \tag{1-2}
$$

对均匀密绕螺绕环，环上的线圈绕得很密，通过螺绕环的电流可视为紧密排列的封闭圆环形电流，则磁场分布在管内，外部空间不存在磁场。而对于非密绕螺绕环，螺绕环外的磁感应强度为零是有条件的，对于真实螺绕环，其外部的磁感应强度并不为零。国内大多学者证明了这一观点。

基于以上认识，人们发现低频交流电可以控制电流流入地层的方式，而且不受矿化度和井眼变化的影响。1967 年，Arps 提出了一种基于螺绕环的低频交流聚焦方式用于测量地层电阻率信息。该发明可以控制电流聚焦并提高分辨率。该装置上下端提供一对发射螺绕环，螺绕环套在导电金属上，加载方向相反的电流，可以实现电流的聚焦。一对接收器对称地安装在导体上，以便与导体中的电流耦合，电流计测量接收线圈中感应出的电流。通过调整接收线圈的位置可以得到理想的灵敏度和分辨率。将螺绕环与地层接触，即可测得地层电阻率信息。

下面通过对阵列线圈和电路分析来说明该发明的测量原理(见图 1-4)。含磁芯的发射线圈 30 和发射线圈 31 在同一绕组上，绕组通过导线 34 互相连接。绕组的另一个终端通过导线 35 和导线 36 连接到了交流电产生器 37。发射线圈绕组反向串联，因此会产生相对的电流路径 40 和电流路径 41。激励源 37 保持在电流环路上感应的电压为恒定值。与发射线圈 30 和发射线圈 31 相比，接收线圈 32 和接收线圈 33 位置较近且对称分布。接收线圈 32 和接收线圈 33 通过绕组 50 和绕组 52 与传感系统 51 相连。传感系统 51 测量具有不同相位的接收线圈 32 和接收线圈 33 电流信号，该电流信号可以预示地层真实电阻率，并且降低了泥浆矿化度和井眼的影响。当接收线圈位于均匀地层时，接收线圈处感应的电压相等；当接收线圈从一个地层向另一个地层过渡时，接收线圈感应出的电压取决于地层界面两侧地层电阻率，此处采用将两个接收线圈连接的措施来实现二者等电压。该线圈系在纵向上移动可以实现井筒不同位置地层电阻率的连续测量。

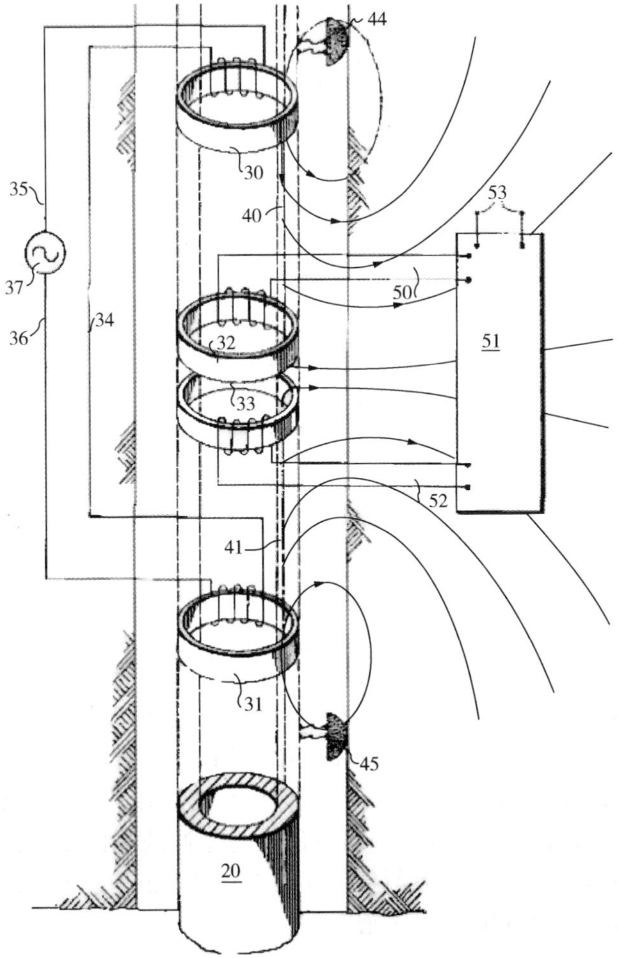

图 1-4　Arps 发明专利原理示意图(据 Arps，1967)

Arps 专利最初主要用于测量地层电阻率，进一步来评价地层含油饱和度。随着随钻技术的不断发展，逐渐增加了纽扣电极测量模式和钻头测量模式，发展成现在的随钻电阻率成像仪器。如图 1-5 所示，其具备侧向测量、纽扣电极成像测量和钻头测量 3 种模式。将钻铤看作完美导体时，在发射螺绕环上部钻铤和下部钻铤分别形成正负等量电压。电流一部分从下部钻铤出发，经过井眼和地层，最后回到上部钻铤，这与传统的电缆侧向测井测量方式十分类似；另一部分从钻头出发，最后回到上部钻铤。上下两个接收螺绕环用于接收钻铤流出的径向电流和轴向电流。通过测量不同螺绕环之间的径向电流，可以实现侧向电阻率的测量，通过测量纽扣电极电流可实现电阻率成像，通过测量靠近钻头螺绕环的轴向电流，可以实现钻头电阻率的测量。

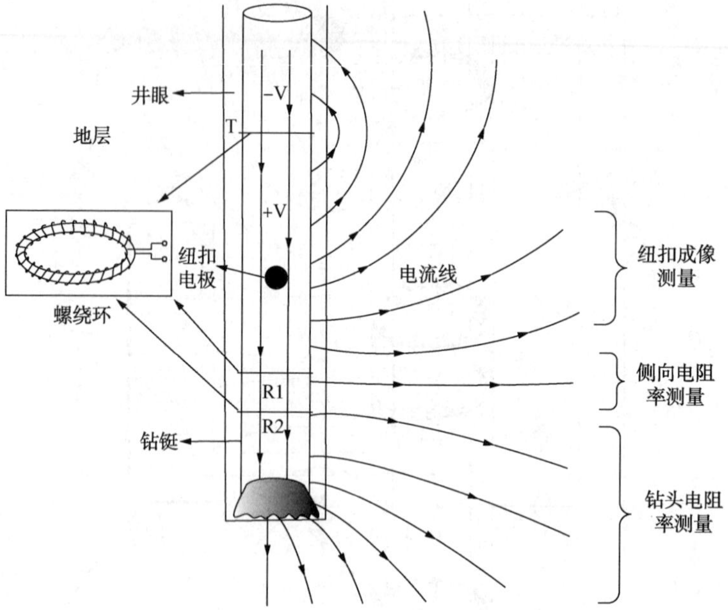

图 1-5　随钻电阻率测井原理示意图

在理论研究时，激励源螺绕环通常需要进行一定的简化和等效。如图 1-6 所示，考虑测量频率影响时，即为交流电(AC)模式，发射螺绕环在钻铤和地层中产生的电流方式可以等效为磁流环。当测量频率较低时，可以忽略测量频率的影响，即为直流电(DC)模式，螺绕环可以等效为延伸的电偶极子，发射螺绕环下方的电压极子相当于电流源，发射螺绕环上方的电压极子起到回流的作用。螺绕环的聚焦方式和电极型侧向测井类似。

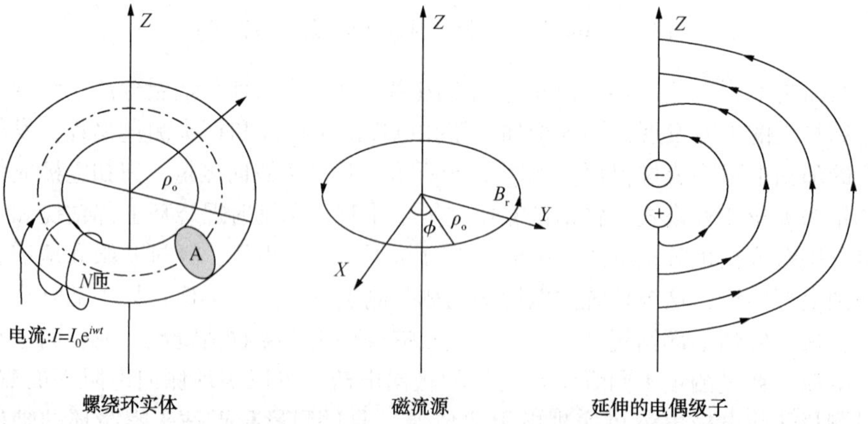

图 1-6　发射螺绕环的简化与等效

Gianzero 等人给出了螺绕环等效为磁流源和延伸的电偶极子的解析解，但是没有涉及具体的推导过程，因此给其解析解的数值化计算带来未知和困难。本书利用分离变量法推导了等效的磁流源和电偶极子在径向两层阶跃介质(井眼和原状地层)中的解析解，为后续复杂模型的数值解验证提供理论依据。

1. *螺绕环等效磁流源*

对实体发射螺绕环进行简化，做出如下假设：

(1) 钻铤在纵向上无限长；

(2) 井轴与柱面坐标系 Z 轴相一致；

(3) 发射实体螺绕环为单位长度磁矩的理想化磁流环 M；

(4) 地层模型在纵向上为均匀介质，在径向上为阶跃介质。

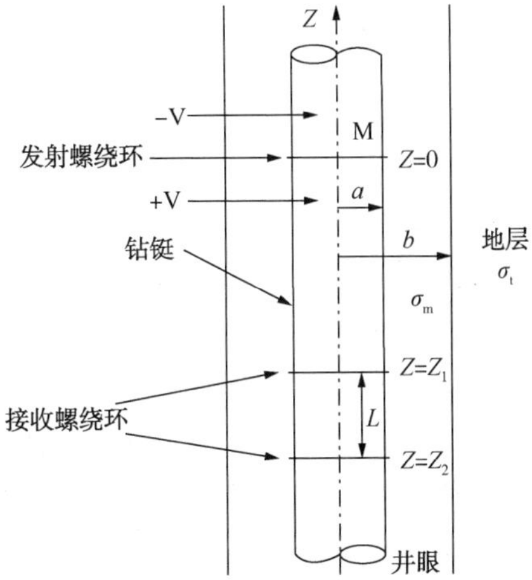

图 1-7　简化模型示意图

其简化模型示意图见图 1-7。图中仪器的半径为 ρ_0，井内泥浆的电导率为 σ_m，井外原状地层的电导率为 σ_t。

由于仪器形状为圆柱体，且具有轴对称性，可简化为二维空间，采用圆柱坐标系求解。设发射螺绕环等效的磁流源激励电流为 $I=I_0e^{iwt}$，在不考虑位移电流的情况下，不含源的区域中的空间似稳电磁场用以下麦克斯韦方程组描述：

$$\begin{cases}\nabla\times H=\sigma E\\ \nabla\times E=-i\omega\mu H\\ \nabla\cdot H=0\\ \nabla\cdot E=0\end{cases}\tag{1-3}$$

对式(1-3)中第二个公式两端取旋度并将式(1-3)中第一个公式代入，引入赫兹向量 π，根据∇算符的运算公式(1-4)及规范条件，可得赫兹向量满足的波动方程(1-5)：

$$\nabla\times(\nabla\times A)=\nabla(\nabla\cdot A)-\nabla A\tag{1-4}$$

$$\nabla^2\pi+k^2\pi=-M\tag{1-5}$$

电磁场的各分量可由赫兹向量表达，即：

$$\begin{cases}E=j\omega\mu_0\nabla\times\pi\\ H=k^2\pi+\nabla(\nabla\cdot\pi)\end{cases}\tag{1-6}$$

将 E 和 H 的表达式代入麦克斯韦方程的复数形式，可得到赫兹向量的波动方程的齐次形式。

由于函数 π 只有 φ 方向的分量并且不随 φ 的变化而变化，故可以把 π 设为与 ρ、z 相关的函数，得到 $\pi=\pi(\rho,\ z)e_{\varphi}$，其中仪器螺绕环的半径为 ρ_0，纵坐标为 $z=0$。若忽略发射线圈的截面尺寸，则上式可表示为：

$$\frac{\partial^2\pi}{\partial\rho^2}+\frac{1}{\rho}\frac{\partial\pi}{\partial\rho}+\frac{\partial^2\pi}{\partial\rho^2}-\frac{\pi}{\rho^2}+k^2\pi=-M\delta(\rho-\rho_0)\delta(Z) \tag{1-7}$$

在无源区域，即 $z\neq0$，则上式可以表示为：

$$\frac{\partial^2\pi}{\partial\rho^2}+\frac{1}{\rho}\frac{\partial\pi}{\partial\rho}+\frac{\partial^2\pi}{\partial\rho^2}-\frac{\pi}{\rho^2}+k^2\pi=0 \tag{1-8}$$

利用分离变量法，求解该齐次方程的解析解，过程如下：

首先讨论该情况下的边界条件，径向阶跃介质满足的边界条件是：

(1) 当 $\rho\to\infty$ 时，$E\to0$，$H\to0$。

(2) 当 $\rho\to0$ 时，E 和 H 为有限值。

在界面上，由介质的连续可知磁场强度的切向分量要连续，即：

$$\begin{cases}H_{1\varphi}=H_{2\varphi}\\H_{1\rho}=H_{2\rho}\end{cases} \tag{1-9}$$

取发射线圈作为坐标原点，Z 轴、线圈轴和圆柱面共轴，Z 轴向上为正，如图 1-7 所示。设 $\pi(\rho,\ z)=R(\rho)\cdot Z(z)$，代入式(1-8)，可以得到下式：

$$R''Z+\frac{1}{\rho}R'Z+RZ''-\frac{RZ}{\rho^2}+k^2RZ=0 \tag{1-10}$$

在径向阶跃介质中，k 在 ρ 方向上有变化，故将 k^2 于 $R(\rho)$ 函数放在同一端。得到下式：

$$\frac{R''}{R}+\frac{1}{\rho}\frac{R'}{R}+\left(k^2-\frac{1}{\rho^2}\right)=-\frac{Z''}{Z} \tag{1-11}$$

设分离常数为 λ^2，可以得到式(1-12)

$$\begin{cases}Z''+\lambda^2Z=0\\R+\dfrac{1}{\rho}R'-\left(\beta^2+\dfrac{1}{\rho^2}\right)R=0\end{cases} \tag{1-12}$$

式中，$\beta^2=\lambda^2-k^2$。

式(1-12)中第一个公式的解为：

$$Z(z)=A\cos\lambda z+B\sin\lambda z \tag{1-13}$$

而式(1-12)中第二个公式是一阶虚宗量贝塞尔方程，其解是第一类和第二类一阶虚宗量贝塞尔函数 $I_1(\beta\rho)$ 和 $K_1(\beta\rho)$，其解为：

$$R(\rho)=CI_1(\beta\rho)+DK_1(\beta\rho) \tag{1-14}$$

函数 $Z(z)$ 关于 Z 轴的平面对称，所以 $Z(z)$ 应是 z 的偶函数，即应有 $Z(z)=$

$Z(-z)$，这必须使式(1-13)中的 $A=0$。又因为任意 λ 可实数，应取 λ 为自变量的积分作为通解，因而有：

$$\pi=\int_0^{\infty}[CI_1(\beta\rho)+DK_1(\beta\rho)]\cos\lambda z\mathrm{d}\lambda \tag{1-15}$$

式(1-15)即为径向阶跃介质中不含源区的赫兹矢量 π 表达式。公式中系数 C 和 D 写为 $-iw\mu MC/(2\pi^2)$ 和 $-iw\mu MD/(2\pi^2)$。

在井眼范围内，半径 ρ 的取值可以取到 0，当 $\rho\to0$ 时，$K_0\to\infty$ 与 $K_1\to\infty$ 满足边界条件，在 σ_m 区，必须使 $D=0$。同时，发射线圈在 σ_m 区内，σ_m 区是含源区，因此场的表达式中还需要加上原始激励，即井眼介质中的场。根据贝塞尔函数的已知公式，均匀介质中的磁场表达式可以写成：

$$H_{\varphi}=\frac{i\omega\mu k_m^2M}{2\pi^2}\int_0^{\infty}\beta K_1(\beta\rho)\cos\lambda z\mathrm{d}\lambda \tag{1-16}$$

因此，在 σ_m 区中：

$$\begin{cases}H_{1\varphi}=-\dfrac{i\omega\mu k_m^2 2M}{2\pi^2}\displaystyle\int_0^{\infty}[\beta_m K_1(\beta_m\rho)+CI_1(\beta_m\rho)]\cos\lambda z\mathrm{d}\lambda\\ E_{1z}=-\dfrac{\mu k_m^2M}{2\sigma_m\pi^2}\displaystyle\int_0^{\infty}[\beta_m K_0(\beta_m\rho)-CI_0(\beta_m\rho)]\beta_m\cos\lambda z\mathrm{d}\lambda\end{cases} \tag{1-17}$$

在 σ_t 区域中，ρ 可以趋于无穷，当 $\rho\to\infty$ 时，$I_0\to\infty$ 与 $I_1\to\infty$ 满足边界条件，在 σ_t 区域中，必须使公式中的 $D=0$，故在 σ_t 区域中：

$$\begin{cases}H_{2\varphi}=-\dfrac{i\omega\mu k_m^2M}{2\pi^2}\displaystyle\int_0^{\infty}DK_1(\beta_t\rho)\cos\lambda z\mathrm{d}\lambda\\ E_{2z}=-\dfrac{\mu k_m^2M}{2\sigma_t\pi^2}\displaystyle\int_0^{\infty}D\beta_t K_0(\beta_t\rho)\cos\lambda z\mathrm{d}\lambda\end{cases} \tag{1-18}$$

应用边界条件得到以下方程组：

$$[\beta_m K_1(\beta_m\rho)+CI_1(\beta_t\rho)]=DK_1(\beta_t\rho) \tag{1-19}$$

$$\frac{\sigma_t}{\sigma_m}[\beta_m K_0(\beta_m\rho)-CI_0(\beta_m\rho)]\beta_m=-D\beta_t K_0(\beta_t\rho) \tag{1-20}$$

解此程组得到：

$$\begin{cases}C=-\dfrac{\Gamma_{ac}(\lambda)}{K_0(\beta_m\rho)+\Gamma_{ac}(\lambda)I_0(\beta_m\rho)}\\ D=\dfrac{1}{K_0(\beta_m\rho)+\Gamma_{ac}(\lambda)I_0(\beta_m\rho)}\end{cases} \tag{1-21}$$

代入式(1-8)并取 $\rho=\rho_0$ 可得：

$$\pi(\rho_0,\ z)=\frac{M}{2}\rho_0\frac{2}{\pi}\int_0^{\infty}\mathrm{d}\lambda\cos\lambda z\frac{[K_1(\beta_m\rho_0)-\Gamma_{\infty}(\lambda)I_1(\beta_m\rho_0)]}{[K_0(\beta_m\rho)+\Gamma_{\infty}(\lambda)I_1(\beta_m\rho)]} \tag{1-22}$$

井眼界面的反射系数 $\Gamma_{ac}(\lambda)$ 为：

$$\Gamma_{ac}(\lambda)=\frac{\dfrac{\sigma_m}{\sigma_t}\beta_t K_1(\beta_m b)K_0(\beta_t b)-\beta_m K_0(\beta_m b)K_1(\beta_t b)}{\dfrac{\sigma_m}{\sigma_t}\beta_t I_1(\beta_m b)K_0(\beta_t b)+\beta_m I_0(\beta_m b)K_1(\beta_t b)} \tag{1-23}$$

磁矩 M 为：

$$M=\frac{NIA}{2\pi\rho_0} \tag{1-24}$$

由楞次定律可以得到接收螺绕环所感生的电压：

$$V=-j\omega\mu_0 N\int_A H_{\varphi}\mathrm{d}A\cong -j\omega\mu_0 NH_{\varphi}A \tag{1-25}$$

式中，A 是图 1-6 中所示的截面面积；$H_{\varphi}=k_m^2\pi$。

将式(1-22)应用到式(1-25)就能求出接收螺绕环的耦合电压，对所得的感生电压 V 进行刻度，即可得到视电阻率 R_a。

2. 螺绕环等效电偶极子

在前文中我们考虑了频率的影响，将螺绕环等效为磁流源。根据螺绕环在钻铤上产生的电压机理，发射螺绕环上方的钻铤部分是一个电位差为-V 的等电位面，其下方相应部分的电压为+V。如果发射频率较低(1kHz 左右)，我们可以将其等效为延伸的电偶极子。发射器下方的电极所起的作用是作为一电流源，而发射器上方的电极则起电流返回电极的作用。描述上述现象的基本方程是由一个延伸的电偶极子源所推导出的泊松方程：

$$\nabla^2 V=-R_m \tag{1-26}$$

取发射线圈圆心为坐标原点，Z 轴、线圈轴和圆柱面共轴，取 Z 轴向上为正，建立柱坐标系，将式(1-26)在柱坐标系下展开，可得：

$$\left[\frac{1}{\rho}\frac{\partial}{\partial\rho}\left(\rho\frac{\partial}{\partial\rho}\right)-\left(\lambda^2+\frac{m^2}{\rho}\right)\right]V(\rho,\ z)+\frac{\partial^2 V}{\partial z^2}=-R_m\delta(\rho-\rho_0) \tag{1-27}$$

在无源区域，即 $z\neq 0$，则上式可以表示为：

$$\left[\frac{1}{\rho}\frac{\partial}{\partial\rho}\left(\rho\frac{\partial}{\partial\rho}\right)-\left(\lambda^2+\frac{m^2}{\rho}\right)\right]V(\rho,\ z)+\frac{\partial^2 V}{\partial z^2}=0 \tag{1-28}$$

同样地，利用分离变量法，求解该齐次方程的解析解，设 $V(\rho,\ z)=R(\rho)\cdot Z(z)$，代入式(1-28)，同时考虑到边界条件，可得在满足电位和法线方向电通量保持连续的井眼中，$\rho=b$ 处的电位 $V(\rho,\ z)$ 为：

$$V(\rho,\ z)=\frac{2}{\pi}V\int_0^{\infty}\frac{d\lambda[K_0(\lambda\rho)-\Gamma_{dc}(\lambda)I_0(\lambda\rho)]}{\lambda[K_0(\lambda a)+\Gamma_{dc}(\lambda)I_0(\lambda a)]}\sin\lambda z \tag{1-29}$$

反射系数 $\Gamma_{dc}(\lambda)$ 为：

$$\Gamma_{dc}(\lambda)=\frac{\left(\frac{R_t}{R_m}-1\right)K_0(\lambda b)K_1(\lambda b)}{\frac{R_t}{R_m}I_1(\lambda b)K_0(\lambda b)+K_1(\gamma b)I_0(\lambda b)} \tag{1-30}$$

因为在等效磁流源情况中，一对螺绕环之间的电压差是与在钻铤中传导电流大小成正比(安培定律)，所以在等效电偶极子情况下，我们取图 1-7 中 Z_1 和 Z_2 的两个接收螺绕环之间的电压和所采集到的电流之比作为电阻率测量结果。

所采集的电流为：

$$I=\frac{2\pi a}{R_m}\int_{z_1}^{z_2}\mathrm{d}z\frac{\partial V}{\partial\rho}(a,\ z) \tag{1-31}$$

测量视电阻率 R_a 为：

$$R_a=\frac{V}{I} \tag{1-32}$$

对于均匀地层而言，即 $R_t=R_m$，则有 $\Gamma_{dc}(\lambda)=0$。此时电流可表示为：

$$\begin{aligned}I&=\frac{4a}{R_m}V\int_{z_1}^{z_2}\mathrm{d}z\frac{\partial}{\partial\rho}\left(\int_0^{\infty}\frac{\mathrm{d}\lambda}{\lambda}\frac{K_0(\lambda\rho)}{K_0(\lambda a)}\sin\lambda z\right)\\&=\frac{4a}{R_m}V\int_0^{\infty}\frac{\mathrm{d}\lambda}{\lambda}\frac{\partial}{\partial\rho}\left(\frac{K_0(\lambda\rho)}{K_0(\lambda a)}\int_{z_1}^{z_2}\sin\lambda z\mathrm{d}z\right)\\&=\frac{4a}{R_m}V\int_0^{\infty}\frac{\mathrm{d}\lambda}{\lambda^2}\frac{\cos\lambda z_1-\cos\lambda z_2}{K_0(\lambda a)}\frac{\partial[K_0(\lambda\rho)]}{\partial\rho}\end{aligned} \tag{1-33}$$

第 2 节　仪器发展现状与趋势

从 20 世纪 80 年代开始，伴随着大斜度井和水平井钻井的增多，随钻测井仪器得以发展起来。到目前为止，涌现出了大量的随钻测井仪器，例如随钻电阻率测井、随钻遥测、随钻声波、随钻中子密度、随钻核磁共振以及随钻地震等仪器。

随钻电阻率成像测井仪器的发展过程与电缆测井中直流电测井仪器的发展过程十分类似。人们最初的想法是，由常规的电缆测井中的普通电阻率测井直接过渡到随钻仪器，其原理非常简单，即激励电极发射电流流向回路电极，测量二者之间的电压差，利用欧姆定律计算井下不同层位的电阻率信息。1987 年，由上述短电位仪器改进得到了随钻侧向仪器，该仪器原理与20世纪50年代的三侧向测井仪器类似，该聚焦仪器在测量电极两侧增加了两个额外的电极，这两个屏蔽电极使主电极电流向更远的地层，增加了仪器的探测深度。与此同时，为了适应随钻测量的实际环境，基于Arps专利中螺绕环测量原理，Gearhart公司于1986年10月成功研制了双电阻率随钻测量仪器，该仪器可以测量侧向电阻率和钻头电阻率，但不能实现井壁电阻率成像。在此基础上，1996年斯伦贝谢公司的钻头电阻率测井仪RAB诞生，其实现了侧向电阻率、钻头电阻率和电阻率成像3种测量模式。此后，随钻电阻率测井仪器发展迅速，国内外各大油服公司都开发了自己的测井仪器，例如国外，斯伦贝谢公司的GVR和MicroScope、哈里伯顿公司的方位聚焦电阻率测井仪AFR以及贝克休斯公司的Startrak，国内中油测井也研制出了样机RIT。

一、国外随钻电阻率成像仪器

1. 钻头电阻率测井工具RAB

20世纪90年代后期，斯伦贝谢公司推出了钻头电阻率测井工具RAB，该仪器在钻井时进行方位电阻率和伽马射线测量，由1个上发射螺绕环、1个下接收螺绕环、3个直径为1in的纽扣电极和1个环状电极组成(见图1-8)。随着钻铤的旋转，3个纽扣电极分别记录56个地层周向电阻率信息用于井壁电阻率成像，环状电极用于获得侧向电阻率，下接收线圈用于钻头电阻率测量。当需要更换钻头时，RAB仪器返回地面，将井下处理和储存的数据下载到井场工作站，使用标准的测井和地质软件进行井下电阻率成像，帮助地质学家快速确认钻井中的构造位置。

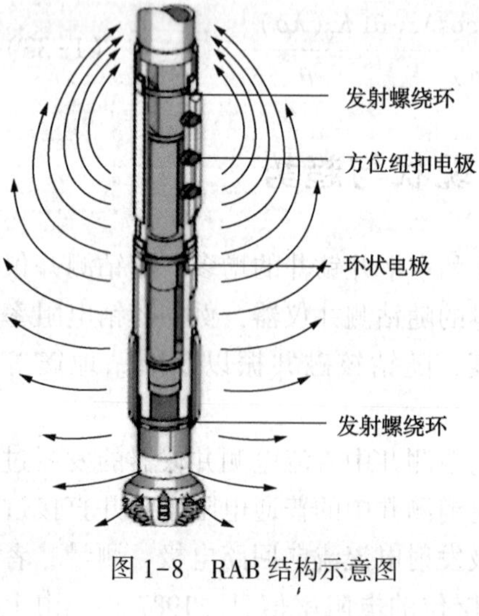

图1-8 RAB结构示意图

2. 侧向电阻率测井仪GVR

1999年，斯伦贝谢公司推出了侧向电阻率测井仪GVR，该仪器是RAB的改进版，新型设计和技术改进使得该仪器在高电阻率层和导电泥浆中给出更加准确的测量。通过增加扫描方式，GVR记录图像的分辨率得到改进。该仪器可以实现方位性测量并成像，而且其测量点非常靠近钻头，受井斜影响小。同时，其钻头有6.75in和8.25in两种尺寸可以选择。GVR方位聚焦电阻率测量在同一深度点提供了井眼360°范围的56个电阻率测量，每个电阻率测量覆盖 6.4°的方位角。与 RAB 类似，其具有相对较浅的探测深度，只有钻头电阻率测量模式可以在油基泥浆环境中工作。

3. 高分辨率钻井成像仪 MicroScope

2008 年，斯伦贝谢公司在美国新奥尔良正式推出了高分辨率钻井成像仪 MicroScope，配合其他随钻测井仪器，能够提供储层精密图像，为油藏解释、储层压裂、完井优化等提供科学参考依据。该仪器可以提供小井眼(6in)的侧向电阻率测量、钻头电阻率测量和井壁电阻率成像，如图 1-9 仪器结构所示，它由 5 个螺绕环，2 个周向上相差 180°且直径为 0.4in 的纽扣侧向电阻率、标准的纽扣成像以及一个超高分辨率的成像套筒组成。侧向阵列由监督纽扣电极和螺绕环组成，纽扣电极用于获取 4 种探测深度的聚焦电阻率。由于其上下螺绕环的聚集作用从而实现了 4 种测量具有相同的纵向分辨率(0.4in)和周向分辨率(2in)。当仪器旋转时，方位系统使用地磁场对其进行定位。当仪器没有旋转时，任意两个相连的螺绕环组成了一个类似于 RAB 和 GVR 的环电极测量模式。在实际应用中，这种环形线圈测量模式具有两种测量深度(5in 和 6in)，实现没有方位性的侧向电阻率测量。不同的是，其纵向分辨率较低(15in)。通过组合仪器底端的两个螺绕环(一个为发射螺绕环，一个为接收螺绕环)，可以实现钻头电阻率的测量。当螺绕环不加载电流，让钻铤和纽扣电极之间产生一个电位差时，该仪器可以实现泥浆电导率的测量。而泥浆电导率一般与泥浆矿化度有关，因此该测量结果转化为矿化度，可用于其他测井方法的测量环境校正。目前正在研发的另外一种测量方法是成像效果可以和 FMI 匹配的成像套筒，套筒上有两排纽扣(直径 0.5in，0.125in×0.2in 像素分辨率)，套筒具有 4 种不同尺寸(5.75in、5.785in、6in、6.375in)。同时，相比于上面的纽扣电极，这种多纽扣的套筒设计使得仪器受到更小的偏心影响并能获得更高的成像分辨率。

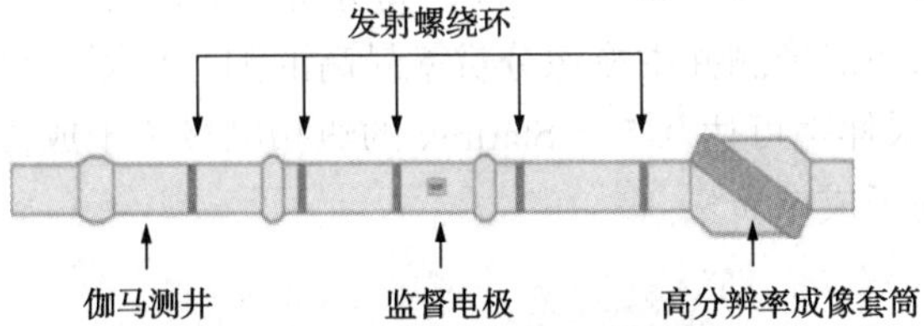

图 1-9　MicroScope 结构示意图

4. 方位聚焦电阻率仪 AFR

2007 年，哈里伯顿公司发布其方位聚焦电阻率仪 AFR，采用硬件聚焦方法，可以测量上述 3 种电阻率。AFR 弥补了如 EMR 这类电磁波电阻率传感器的不足，可以用于导电泥浆。它对于 4.75in 和 6.75in 钻头尺寸的工具有 3 种探测深度，对于 8in 的钻头尺寸则有 2 种探测深度。对于前两种尺寸的仪器，电阻率成像是通过 3 行成像纽扣电极采集，而后一种则是 2 行。每行由相隔 120°的 3 个纽扣电极组成(见图 1-10)。该传感器配备有高分辨率和标准分辨率纽扣电极，确保即使在非常高电阻率的地层也能获得最佳的图像质量。AFR 仪器上下排的高分辨率纽扣电极采集 64 个扇区电阻率信息，而中间排纽扣电极进行 32 个扇区成像。从 2007 年至今，AFR 在外观上没有进行大的改动，但是对纽扣电极的成像分辨率由 1in 提高到了 0.4in，而这种成像分辨率的提高导致仪器的信噪比降低，只能采集到地层电阻率为几百欧姆·米或者更小。因为纽扣电极尺寸减小了，所以流入地层的电流也减小了。作为补偿措施，仪器中间那排纽扣电极仍然保留了 1in 的成像分辨率，其电阻率范围可高达几千欧姆·米。此外，AFR 的内存成像扇区为 128 个。

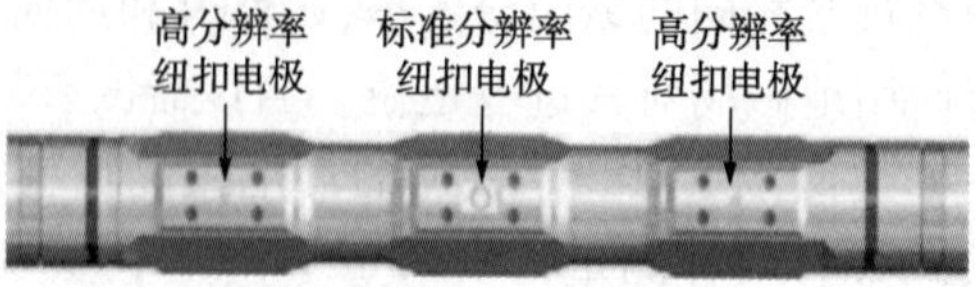

图 1-10　AFR 结构示意图

5. 随钻高分辨率电阻率成像仪器 StarTark

贝克休斯推出的随钻高分辨率电阻率成像仪器 StarTark(图 1-11)，可用于储层地质和岩石物理方面的评估，分析微裂缝和地层沉积特征。与斯伦贝谢和哈里伯顿仪器不同的是，该仪器采用传统的电极聚焦方法而不是 Arps 提出的螺绕环聚焦方法，因此该仪器无法测量钻头电阻率。作为补救措施，贝克休斯推出了专门用于钻头电阻率的测量仪器 ZoneTrak，其测量原理和应用与上述仪器类似。该仪器具有两种尺寸，分别是 6.75in 和 4.75in，可测量井眼范围为 5.75~9.5in。仪器的标准成像分辨率为 6.3mm×6.3mm，高分辨率成像为 0.25in×0.25in，是到目前为止随钻电阻率成像测井中成像分辨率最高的测井仪器。仪器实时采样率为 0.5ms，仪器内存采样率可达 0.5s。Startrak 的纽扣电极位于成像套筒上，减小了井眼的影响，提高了成像质量。

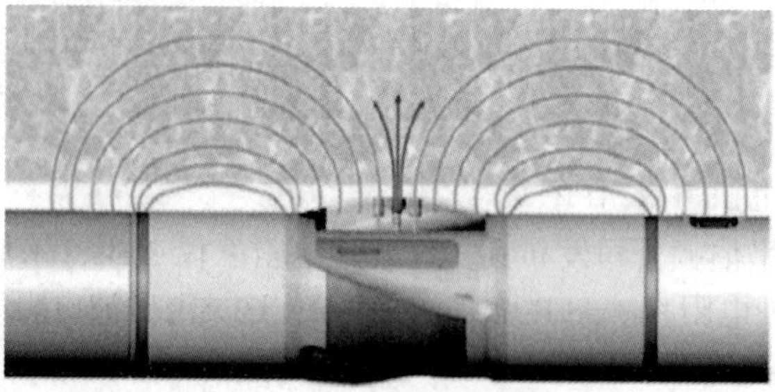

图 1-11　StarTark 结构示意图

二、国内随钻电阻率成像仪器

针对国外随钻电阻率成像测井仪器探测深度较浅的问题，中油测井研发了一种方位侧向电阻率成像随钻测井仪 RIT，并探测深度最大可达 0.6m，并在上述仪器功能上增加了地层边界探测能力。如图 1-12 所示，RIT 包括 4 个发射线圈、4 个相隔 90°的方位电极和纽扣电极。目前还处于试用阶段，没有相关的商业性报道。

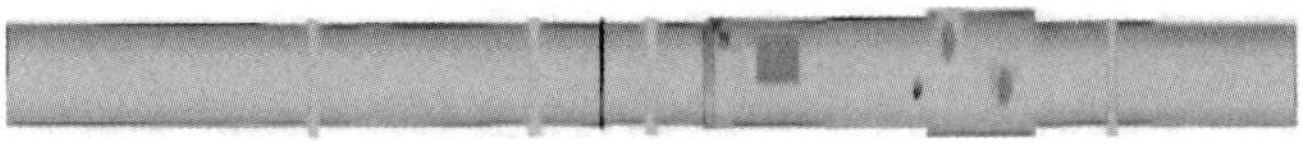

图 1-12　RIT 结构示意图

第 2 章　电缆电阻率成像测井仪器模拟

全井眼地层微电阻率成像仪极板具有一定弧度，测量电流具有较大的发散性，并且每个极板的纽扣电极数目较少，因此无法对实验室内已知的岩石小样品模型进行测量。为解决这些问题，研发了一套岩石微电扫描成像系统，用于实验室岩心电阻率图像的物理模拟。该系统能够在实验室中对岩石样品的裂缝分布状况进行扫描成像，为井场上成像仪器测量图像反推真实裂缝宽度提供计算依据。通过数值模拟与系统实际测量结果相互对比，验证了系统的可靠性。此外，为方便计算地层电阻率数值，对井壁电阻率成像仪的仪器常数进行了三维数值模拟。

第 1 节　岩心电阻率扫描成像实验系统

岩心电阻率扫描成像系统是在室内模拟井壁电阻率成像测井的一套实验装置，设计时要同时考虑两方面的因素：一是尽量逼近现场仪器；二是易于加工实现且成本低。

一、电极系设计

综合考虑确定整个极板(见图 2-1)的尺寸为：60mm×70mm。

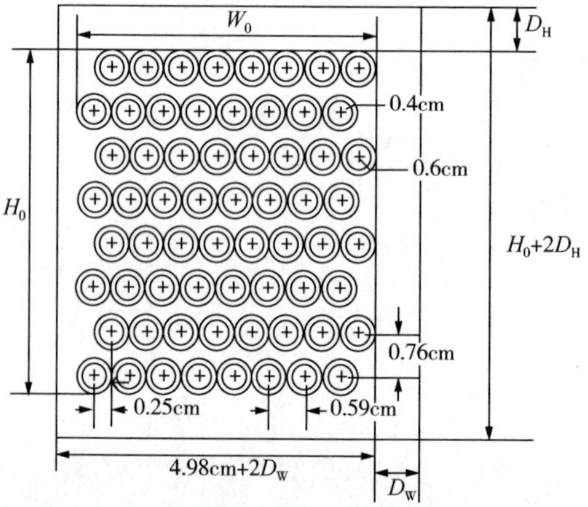

图 2-1　岩心电阻率扫描成像系统电极阵列图

二、夹持器设计

岩心夹持器的设计，主要考虑抗压强度、防腐蚀、导电性、绝缘性、岩样可控移动要求和尽量使用标准件、通用件的要求。根据要求设计出来的岩样夹持器的装配图见图 2-2。

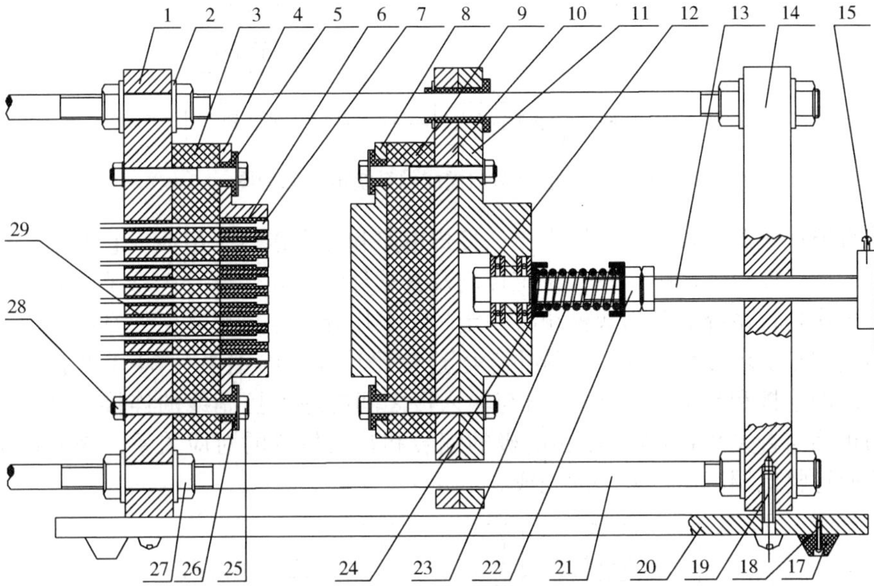

图 2-2　岩心夹持器装配图

1—金属板；2—滑动杆；3—绝缘板；4—正极板；5—固定螺栓；6—绝缘环；7—纽扣电极；8—地极板；9—绝缘板；10—金属板；11—旋转螺杆固定件；12—垫片；13—旋转螺杆；14—加持口固定件；15—螺丝；16—手轮；17—脚垫；18—螺丝；19—螺丝；20—加持口固定件；21—滑动杆；22—弹簧压帽；23—弹簧；24—弹簧压帽；25—螺栓；26—绝缘垫片；27—螺帽；28—螺帽；29—绝缘套

三、电路设计

电路设计指的是完成系统硬件连接所必需的一些电路设计，如滤波电路、放大电路、电压控制电流源和交流转换直流电路等。整个系统的电路原理如图 2-3 所示。其中，除了信号源、供电极板、岩心和纽扣电极极板外，其余模块均需要进行电路设计。测量时，压控电流源供给恒定电流，电流经过岩心进入纽扣电极，最后返回电源。在该电流回路中，设置了供电电极输入端电位的检测和纽扣电极电流的检测电路，对这两个参数进行测量。

四、系统集成

岩心电阻率扫描成像系统结构如图 2-4 所示，主要由岩心夹持器、微机、信

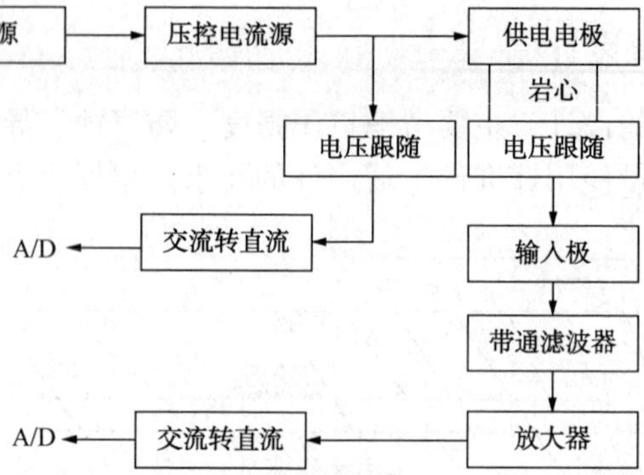

图 2-3　岩心电阻率扫描成像系统电路原理图

号源、直流稳压源、输出极、输入极、接口电路和几个接口卡组成。它的集成包括系统的硬件连接、数据采集、系统控制及其软件编程几个部分。系统的硬件连接主要工作是将系统的各组成模块按一定的关系用导线连接起来，使其中的电信号能顺利地按要求传输。在本系统中，电连接比较复杂的主要有 64 个纽扣电极到输入极的连接和数字输出/输入口与输入极之间的地址控制线的连接。这两个连接的正确与否关系到 64 个纽扣电极的编号和几何位置的对应关系，因此该工作必须通过整机调试运行来帮助完成。

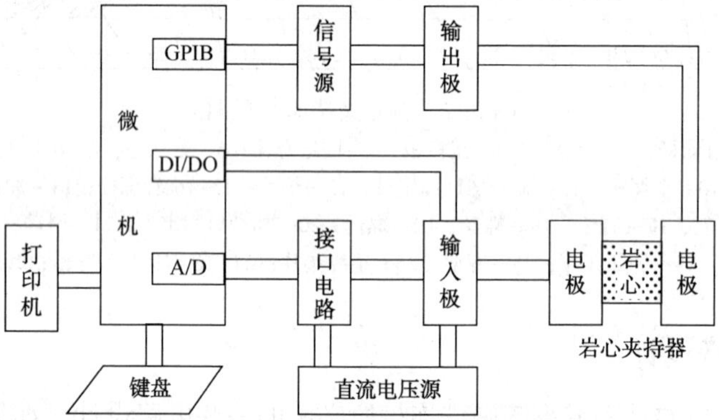

图 2-4　岩心电阻率扫描成像系统组成

系统软件包括数据采集、系统控制、数据处理及图像显示等功能。系统的控制主要指对信号发射电流的大小、信号采样通道的选择和何时进行采样的控制。数据的处理指的是对采集到的 64 个电流值进行实时归一化、重构图像及处理，最后以灰度形式在屏幕上显示。

五、岩样设计及制备

岩样一般为正方形的薄板，可用天然岩石、人工样品或导电橡胶制成。本书采用人工样品，共 5 块，尺寸均为 8cm×8cm×3cm，如图 2-5 所示。孔隙度分别为 10%、15%、23% 和 30%。其中，孔隙度为 23%的岩心有 2 块，作为对比样，一块电阻率无异常，一块电阻率有异常。这样用 4 块样品形成 4 种电阻率，可对装置进行标定，然后测量电阻率有异常的样品，并与理论计算进行比较，从而达到相互验证的目的。有电阻率异常的样品，其异常体高度和宽度相等，均为 8cm，厚度为 3cm，图中阴影部分为电阻率异常体，电阻率为 0.01 Ω · m，背景电阻率为 30.3 Ω · m，张开度为 0.2cm，深度为 1.5cm。

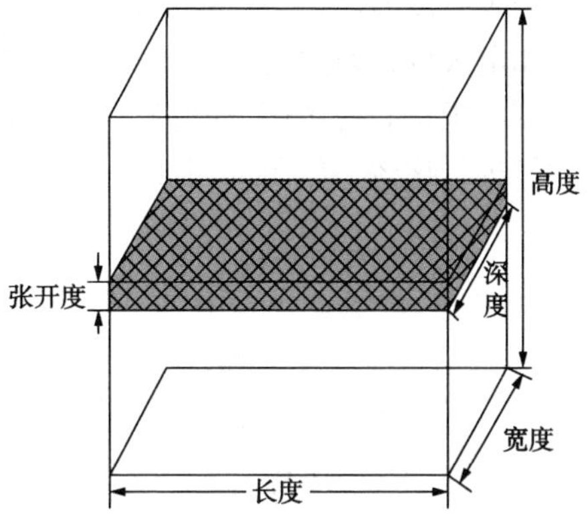

图 2-5　电阻率异常体分布图

根据以上设计制作出的人工样品参数如表 2-1 所示。

表 2-1　5 块人工样品参数表

编号	孔隙度①/%	长度/cm	宽度/cm	高度/cm	R_o②/(Ω · m)	R_a/(Ω · m)
1	10	7.80	8.15	3.00	450	320.1
2	15	7.90	8.15	2.75	200	89.5
3	23	7.80	7.95	2.80	85	30.6
4	23	7.70	8.00	2.80	85	30.3
5	30	8.10	8.05	2.90	50	77.2

注：①由于样品是六面体，无法实测其孔隙度，表中所给的孔隙度值是设计时给定的，与实际值有误差，仅供参考。

②该值与实测值存在较大误差可能是由孔隙度值误差引起的，因此只能作为参考。

其中，样品采用电阻率 $R_W = 4.5$ Ω · m 的 NaCl 溶液饱和，饱和后的实测电阻率为 R_a，该参数是用 HP4194A 阻抗分析仪在频率 $f = 1$kHz 下测得的。理论电阻率 R_t 是根据 Archie 公式计算出来的，即：

$$R_t = \frac{R_W}{\phi^2 S_W^2} \tag{2-1}$$

式中，S_W 为含水饱和度，在此取 $S_W = 1.0$；R_W 为饱和溶液电阻率；ϕ 为孔隙度。

六、岩心微电阻率扫描成像

对表 2-1 中的 5 块岩样用岩心电阻率扫描成像系统进行测量。在测量过程中，考虑到接触电阻的影响，在样品表面与纽扣电极之间垫一层浸泡过盐水的麂皮，以确保样品表面与纽扣电极接触良好。

在这 5 块样品中，有 4 块没有电阻率异常体存在，近似看作均匀介质。它们是用来刻度岩心微电扫描成像系统的。考虑到即便是近似均匀介质，由于与每个纽扣电极的接触情况各不相同，其测量值不同，取每块 64 个电极的平均值进行刻度。根据岩心电阻率扫描成像系统测得的数值与由 HP4194 阻抗分析仪所测得的值进行比较，结果如图 2-6 所示，可以看出二者具有较好的线性关系。

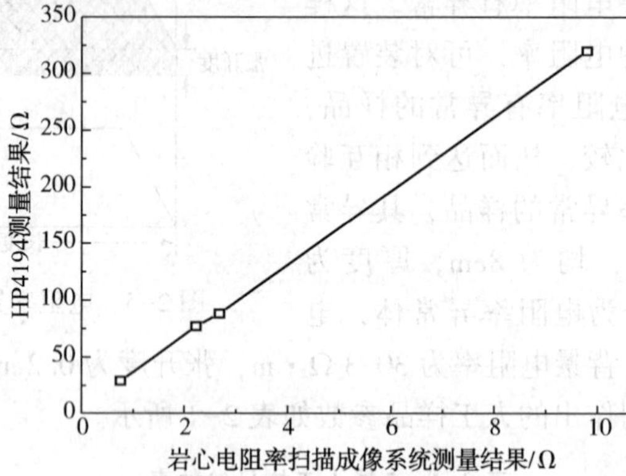

图 2-6　岩心电阻率扫描成像系统和 HP4194 所测值对比

对数据进行拟合可得视电阻率刻度公式(其相关系数 $R_C=0.99996$)：

$$R_a=4.15+32.14\cdot Var \tag{2-2}$$

式中，Var 为由本系统测得的值，其单位是Ω，可理解为未经归一化的纽扣电极的接触电阻，其值还包含电路放大倍数信息。

为了评价以上刻度结果的质量，根据电路对电流($G_I=2200\times200\times0.115=5.06\times10^4$倍)和电压($G_V=1$ 倍)的总放大倍数以及纽扣电极的理论近似 K 值($K=0.654\times10^{-3}$m)，可计算出刻度因子(相当于上述刻度公式中的斜率)为：

$$CAL=K\cdot G_I/G_V \tag{2-3}$$

利用式(2-3)计算得到的刻度因子为 33.1m，与实测刻度的结果非常接近，进一步说明了实测刻度的正确性。

采用实测刻度结果对 5 块样品(其中 1 块有裂缝且未参与刻度)数据(每块有 3 次采样共 192 个数据)进行标定，标定后带裂缝样品无裂缝区域的大部分数据值在 30 Ω · m 左右，与 HP4194 测得的值接近。由此可见，测量和刻度是成功的。

为了直观地观察测量结果，对上述 5 个样品的数据进行图像重构，重构后的图像如图 2-7 所示。可以看出，4 块无裂缝的样品也表现出非均匀性，其原因主要是样品端面不够平整，导致各纽扣电极的接触情况不同。其分布一般规律性比较差，通过视觉可以区分出来，不会对本实验构成大的影响。有裂缝的样品扫描图上明显地显示出一条裂缝，与无裂缝样品对比时更加明显。

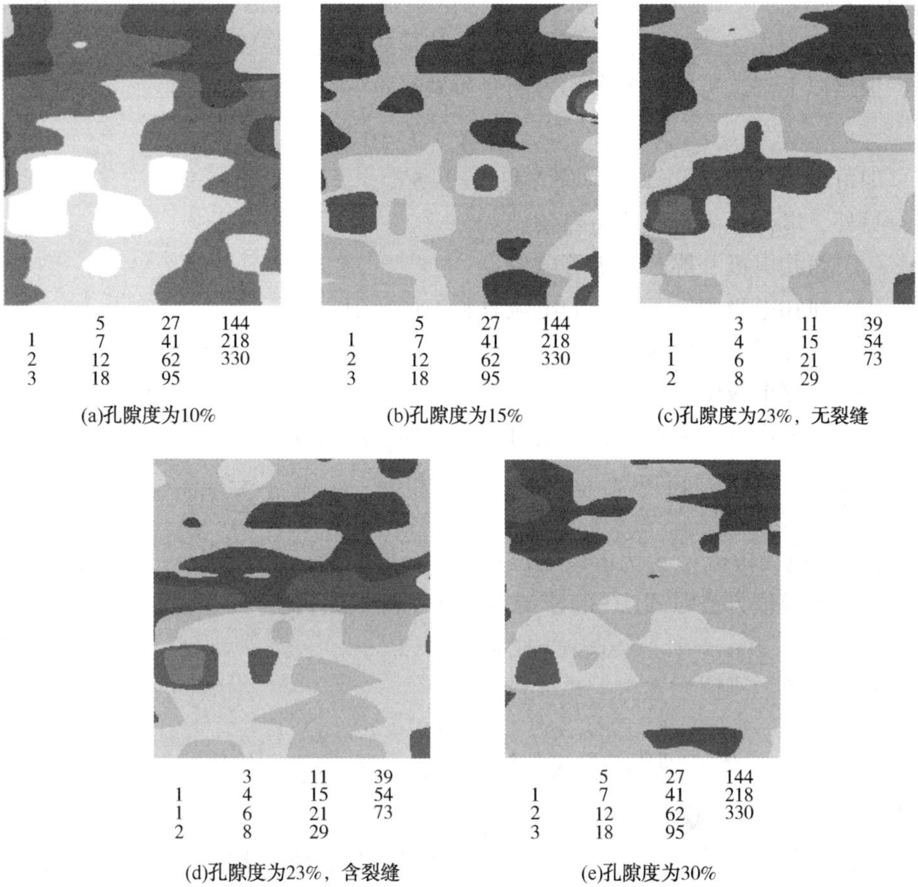

图 2-7　样品扫描图

第 2 节　岩心电阻率扫描成像数值模拟

一、方法原理

根据岩心电阻率成像系统的测量原理、工作信号频率及岩样几何特点可知，岩心中电场可近似为静电场。由静电场理论可得：

$$\begin{cases} \nabla \cdot \vec{J} = 0 \\ \vec{J} = \sigma \vec{E} + \vec{J}_s \\ \vec{E} = -\nabla u \end{cases} \tag{2-4}$$

式中，J 为位移电流；σ 为电导率；E 为电场强度；J_s为传导电流；u 为电位。3 个方程依次为连续性方程、欧姆定律的微分形式和电场强度定义式。

根据以上三式可知，分布均匀的介质满足：

$$-\sigma\nabla u+\nabla\cdot\vec{J}_s=0 \tag{2-5}$$

即电位 $u(x, y, z)$满足微分方程式(2-5)。

另外，电位还满足以下边界条件：

(1) 纽扣电极和屏蔽电极等电位；

(2) 纽扣电极和屏蔽电极的电流总和为恒定值；

(3) 绝缘环上的电流为零；

(4) 回路电极电位为零。

根据变分原理，上述定解问题可改写为如下的 Ritz 变分形式：

$$F(u)=\frac{1}{2}\iiint_{\Omega}\sigma\left[\left(\frac{\partial u}{\partial x}\right)^2+\left(\frac{\partial u}{\partial y}\right)^2+\left(\frac{\partial u}{\partial z}\right)^2\right]\mathrm{d}x\mathrm{d}y\mathrm{d}z-\sum_{\mathrm{E}}I_{\mathrm{E}}U_{\mathrm{E}}\to\min \tag{2-6}$$

式中，I_E为电极电流；U_E为电极电位；$F(u)$为电位场 u 的泛涵。

根据求极值方法对式(2-6)求导并写成矩阵形式为：

$$[K_{ij}^e]\{u\}=\{I_i\} \tag{2-7}$$

其中，单元刚度元素由下式求得：

$$K_{ij}^e=\iiint_e\sigma\left[\frac{\partial N_i}{\partial x}\frac{\partial N_j}{\partial x}+\frac{\partial N_i}{\partial y}\frac{\partial N_j}{\partial y}+\frac{\partial N_i}{\partial z}\frac{\partial N_j}{\partial z}\right]\mathrm{d}x\mathrm{d}y\mathrm{d}z \tag{2-8}$$

式中，N_i、N_j 为形函数。

以上得到的是某一小空间单元的电位方程。对于整个求解空间，则先将全空间划分为若干个小均匀空间并得到类似式(2-7)单元刚度矩阵方程，然后将所有的单元刚度矩阵方程组装成一个大方程组，即总刚度矩阵方程。其形式如下：

$$Au=b \tag{2-9}$$

式中，总刚度矩阵 A 中的元素由单元刚度元素组装而成。

二、网格划分

根据本实验岩心的形状，将岩心划分为由许多六面体和三棱柱体组成，网格划分的二维剖面如图 2-8 所示，另外一个维度即厚度方向为等距剖分。

三、程序编制

一般地，大型有限元计算问题的处理关键在于解决以下几个问题：

(1) 网格划分问题；

(2) 大型线性方程组求解问题；

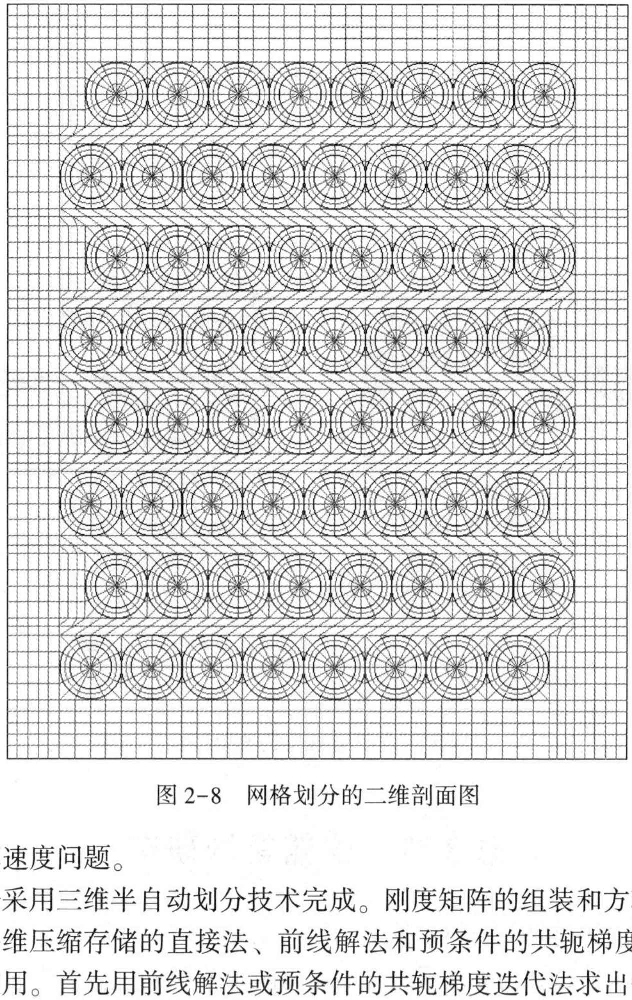

图 2-8　网格划分的二维剖面图

（3）计算速度问题。

网格划分采用三维半自动划分技术完成。刚度矩阵的组装和方程组的求解采用了变带宽一维压缩存储的直接法、前线解法和预条件件的共轭梯度迭代法 3 种，并进行组合使用。首先用前线解法或预条件件的共轭梯度迭代法求出等位面和绝缘环上的电位，然后用变带宽一维压缩存储解法求解各节点电流，并算出 64 个纽扣电极的电流，然后将极板电位与纽扣电流的比值乘以算出的理论电极系数，得出视电阻率值。

求出节点电位后，无须再进行等位面处理，节点的总体编号可朝着使半带宽最小方向编排，从而使内存需求大大减小，一次全部装入内存进行运算。因此，第二步采用变带宽一维压缩存储解法。另外，该方法容易同时使用多种单元类型，可以合并两个三棱柱为一个六面体，从而减少单元总数。整个程序主要包括网格剖分、节点电位计算、节点电流计算、测井信号合成和结果图像显示等。

四、结果对比

运用该模拟算法对前面的具有电阻率异常体的样品进行数值模拟成像(见图 2-9)，得到结果如下：从仿真结果与实测结果的对比中可以看出，二者均检测到裂缝，大小也接近，因此可以说，这两种途径得到的结果是一致的。这也相互验证了岩心微电扫描成像系统及其仿真软件的正确性。

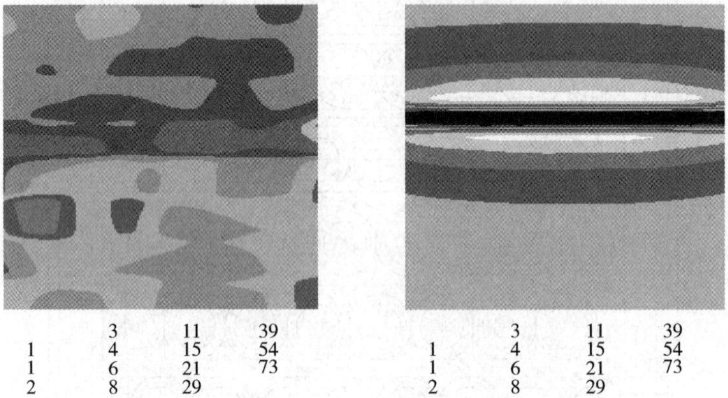

实测结果　　模拟结果

图 2-9　岩样实测成像结果与数值模拟成像结果对比

第 3 节　仪器常数研究

在没有浅双侧向测井资料条件下，如需从微电阻率井周成像测井响应中获得地层电阻率定量信息，则必须通过开展微电阻率井周成像测井响应数值模拟来计算各纽扣电极系数。根据微电阻率井周成像测井仪器结构及尺寸，建立了如图 2-10 所示的全三维仪器模型。该仪器模型包含互成 60°角的 6 个极板，每个极板上有 24 个纽扣电极，分 2 排排列。纽扣电极与极板之间有绝缘介质隔离，极板与仪器心棒体为金属体，工作时为等电位体。相邻 2 个极板放置方向相反，以便极板能够合拢起来。极板的张开程度与井眼大小相匹配，即极板张开到正好与井壁接触的位置。仪器模型与井眼泥浆和地层集成并完成网格划分后的有限元模型如图 2-11 所示。模型采用四面体进行网格划分，得到总节点数约 70 万个，计算量较大。

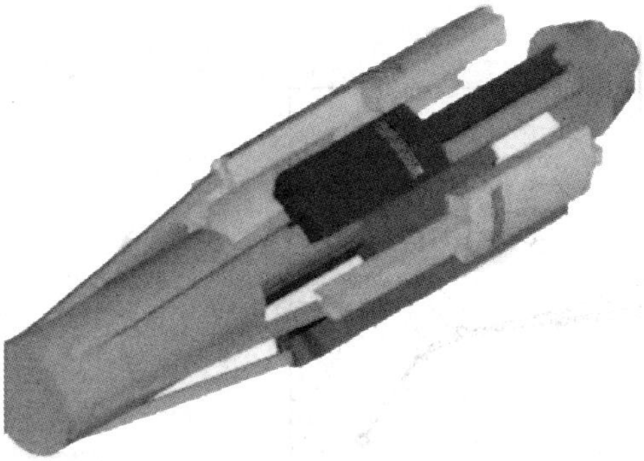

图 2-10　微电阻率井周成像测井仪器模型

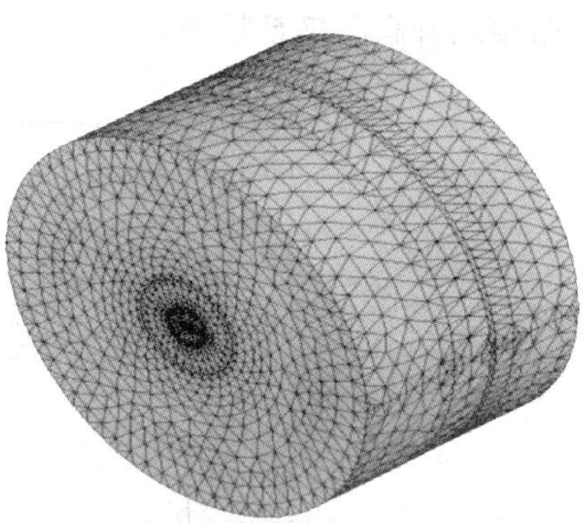

图 2-11　有限元介质模型网格剖分

根据上述方法用有限单元法编制了三维微电阻率井周成像测井仪器响应数值模拟计算程序，运用该程序在前文介绍的仪器模型和介质模型条件下，计算了微电阻率井周成像测井仪器的纽扣电极系数。图 2-12 为均匀介质下的电极系数，其中每条线上的点代表某个极板上按几何位置排列的 24 个纽扣电极，点的纵坐标为该电极的电极系数，即 K 值。可以看出，均匀介质中的纽扣电极系数平均为 1.3×10^{-4}m，并且同一排电极的电极系数由中间向外有增大变化，这是由极板对纽扣电极屏蔽效果变化引起的，靠近中央的纽扣电极被屏蔽效果较好，两侧的稍差。

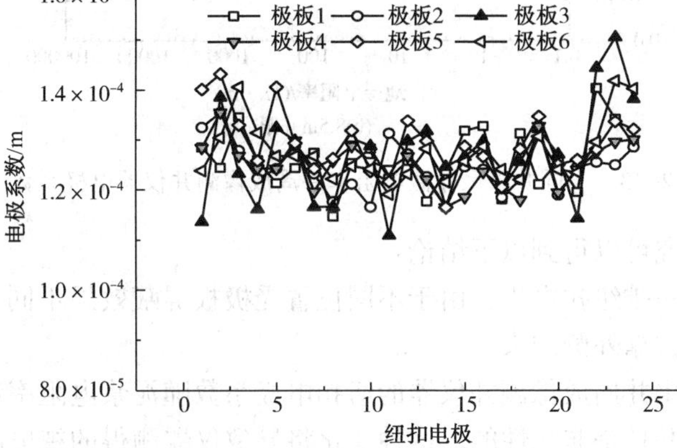

图 2-12　均匀介质中微电阻率井周成像测井仪器电极系数

图 2-13 是在 8in 和 8.5in 井眼条件下计算的电极系数随泥浆电阻率 R_m 和地层电阻率变化的关系，横坐标是地层电阻率，纵坐标为电极系数。可以看出，在同一泥浆电阻率下，随着地层电阻率的增加，电极系数减小，并且在地层电阻率为 10~3000Ω · m 范围内相对变化平缓。对于同一地层(电阻率相同)，随着泥浆

电阻率的升高电极系数增大。

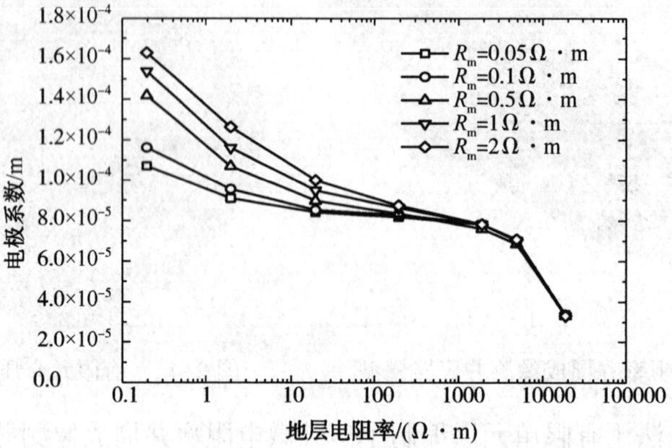

(a)8in井眼

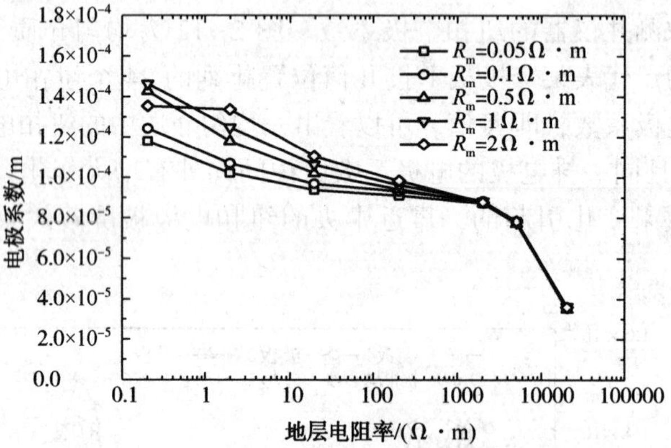

(b)8.5in井眼

图 2-13 不同井眼尺寸微电阻率井周成像测井仪器电极系数

通过上述研究可以得到以下结论：

(1) 对于同一排纽扣电极，由于不同位置受极板屏蔽效果不同，导致靠近中央的电极系数小，靠外侧的大。

(2) 微电阻率井周成像测井仪器的纽扣电极系数随泥浆电阻率和地层电阻率的变化而变化，并且是非线性的。这种变化将导致仪器测得的视电阻率线性范围的变小，低电阻率地层偏大，而高电阻率地层则偏小。

(3) 微电阻率井周成像测井仪器的纽扣电极系数值在 10^{-4}m 数量级。通过电极系数的理论计算，使得不通过深、浅双侧向测井曲线标定而直接从纽扣电极电流和电压计算出地层电阻率值成为可能。

第3章　随钻电阻率成像测井仪器模拟

相比于电缆电阻率成像测井仪器，随钻电阻率成像测井仪器在发射装置的结构差异较大，复杂的螺绕环结构对物理模拟和数值模拟均带来一定的挑战和困难，本章主要对物理模拟与数值模拟进行介绍。其中，物理模拟包括随钻电阻率成像测井发射装置的优化设计、发射电路设计和实验设计。获得的规律性认识对相关仪器的研发可以提供理论支撑；数值模拟是在第1章基础上利用有限元仿真平台开展，主要包括三维螺绕环激励源的等效、复杂地层网格剖分技巧、典型地层和裂缝、洞穴地层的测井响应特征等。相关结论可为裂缝与洞穴几何参数计算模型的构建提供理论依据。

第1节　物理模拟基础

一、螺绕环优化设计

1. 螺绕环的电气特性

理想的变压器具有如下电气特性：

（1）初次级线圈端电压大小与线圈匝数成正比；

（2）初次级线圈中电流大小与线圈匝数成反比；

（3）初级输入功率等于次级输出功率（变压器没有功率损耗）。

设计如下简单实验对螺绕环式激励的电气特性进行探究。如图3-1所示，在锌锰铁氧体磁环上均匀绕制53匝漆包铜线制得简易螺绕环作为初级回路。将螺绕环套在铜棒（模拟无磁钻铤）上，并在铜棒两端串接一个10Ω的电阻形成次级回路。

通过信号发生器向螺绕环施加频率和幅度固定的交流激励信号，测量并记录初次级端的电压与电流大小，并用示波器观察其波形，实验测量数据如表3-1所示。

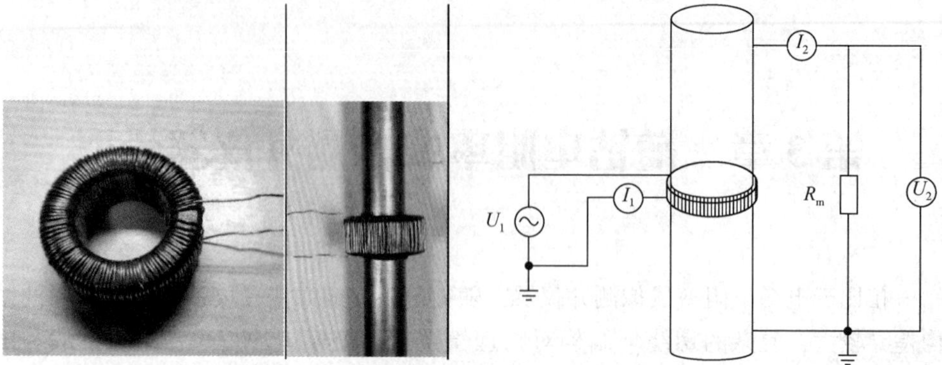

图 3-1　螺绕环式激励装置电气特性测试

表 3-1　螺绕环电气特性测试结果

初级电压 U_1/mV	初级电流 I_1/mA	次级电压 U_2/mV	次级电流 I_2/mA	电压比 U_1/U_2	电流比 I_1/I_2	功率比 P_1/P_2
744. 1	0. 62	13. 9	1. 39	53. 53	2. 24	23. 88
2229. 2	1. 57	41. 8	4. 18	53. 33	2. 64	20. 13
2973. 0	1. 93	56. 0	5. 60	53. 08	2. 90	18. 30
3710. 8	2. 18	69. 8	6. 98	53. 16	3. 20	16. 60
5928. 5	2. 61	112. 2	11. 22	52. 83	4. 29	12. 30
6675. 1	2. 70	125. 3	12. 53	53. 27	4. 63	11. 48
7418. 5	2. 83	138. 6	13. 86	53. 52	4. 89	10. 94
8897. 3	3. 10	166. 5	16. 65	53. 43	5. 37	9. 95
10373. 6	3. 44	196. 7	19. 67	52. 73	5. 70	9. 24
11860. 2	3. 97	223. 6	22. 36	53. 04	5. 62	9. 42
13326. 0	4. 94	249. 7	24. 97	53. 36	5. 05	10. 56
14069. 0	5. 81	264. 8	26. 48	53. 13	4. 55	11. 66
14807. 0	7. 22	279. 4	27. 94	52. 99	3. 86	13. 70
15547. 0	10. 6	294. 3	29. 43	52. 82	2. 77	19. 04

实验结果表明：

（1）螺绕环激励装置的初次级电压比值 U_1/U_2 保持稳定，约等于初次级匝数比(次级为 1 匝)，该值几乎不受激励电压的大小影响，与理想变压器特性一致(如图 3-2 所示)。

（2）与理想变压器不同，螺绕环激励装置的初次级的电流比值 I_1/I_2 并非定值，功率比值 P_1/P_2 也远大于 1，且随着激励电压的增大呈现出先减小后增大的趋势（如图 3-2 所示）。这说明螺绕环会在功率转换的过程中消耗功率，且消耗功率的大小会随着初级激励电压的增加而增加。随着初级激励电压的提升，输出功率会趋于饱和，所以初次级的功率比会呈现先降低后增加的趋势。

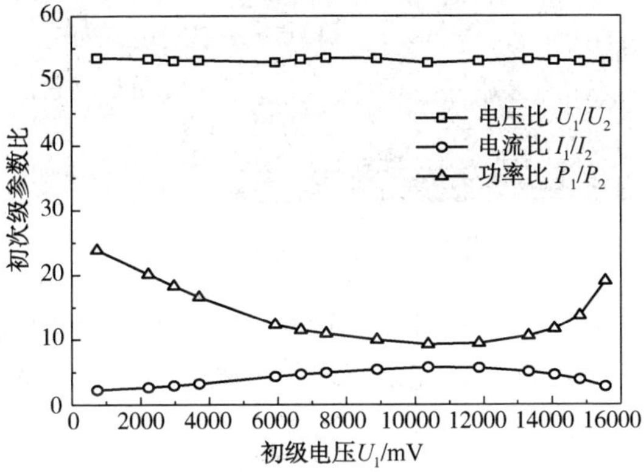

图 3-2　变压器等效验证实验结果（1kHz 激励下测量）

（3）如图 3-3 所示，螺绕环的感生电压与励磁电流之间具有明显的非线性特征，且当初级激励电压增加到一定程度时，初级电流会发生畸变（如图 3-4 所示），畸变程度随着激励电压的增加而加剧，测试过程中也能听到螺绕环发出人耳可闻的鸣叫声。

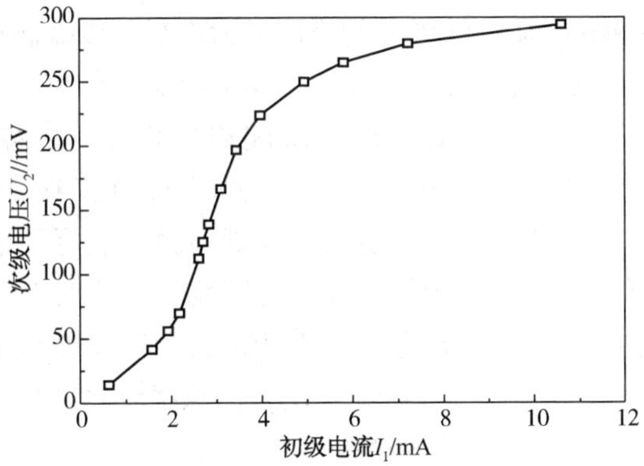

图 3-3　螺绕环式激励装置输出特性曲线

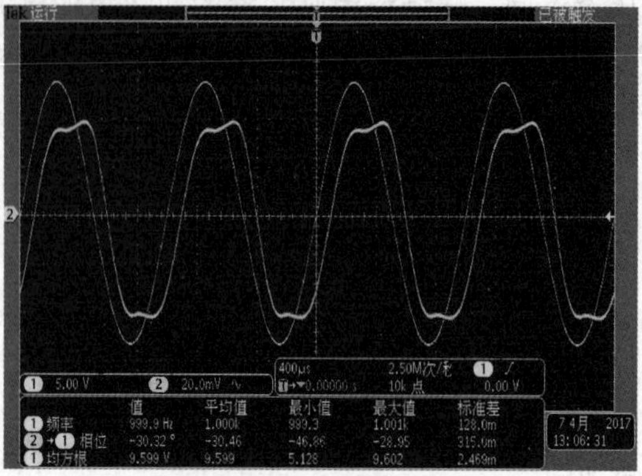

图 3-4　励磁电流发生畸变

综上所述，要进行螺绕环式激励装置的设计，不能粗略地将其等效为理想变压器，需要从电磁学角度深入探究螺绕环的电磁转换过程，继而对螺绕环的结构进行优化设计。

2. 磁芯的选择

对于螺绕环激励装置这种一个多匝对单匝的非理想变压器，不能通过增加次级匝数来提升输出电压幅度。但是根据电磁感应定律：

$$E=-\frac{\mathrm{d}\phi}{\mathrm{d}t} \tag{3-1}$$

$$\phi=B\cdot S \tag{3-2}$$

可以通过提高磁芯的磁通密度来提升螺绕环激励的输出电压。磁介质一般分为顺磁质、抗磁质和铁磁质，铁磁质的应用最为广泛。以铁磁质作为螺绕环的磁芯，当给螺绕环通以交变电流时，磁芯中会感应出交变的磁通密度，磁场强度 H 在 $-H_s$ 到 H_s 间周期性变化，磁芯的磁化特征如图 3-5所示。磁芯材料存在饱和磁通密度上限 B_s，造成了螺绕环激励装置的输出功率同样存在上限。在进行螺绕环的设计时，螺绕环的最大励磁电流 I_m 对应的磁通密度 B_m 要低于在磁芯饱和时磁通密度 B_s，使螺绕环磁芯处于磁滞曲线线性度较好的区域。

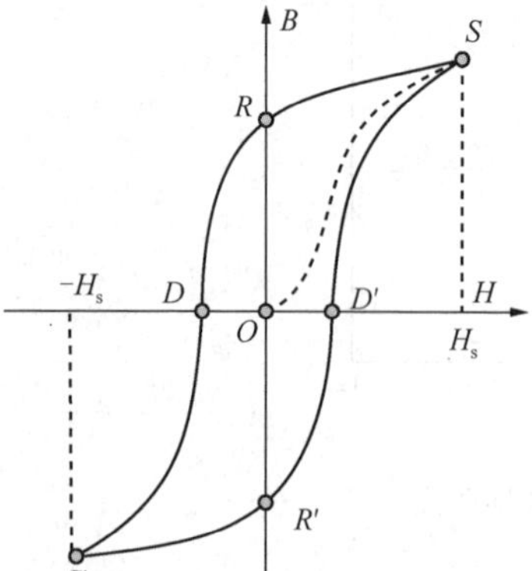

图 3-5　磁芯磁化特性曲线

当磁芯达到磁饱和状态后，需要施加一定的反向磁场才能使磁芯的磁通密度回到零，这一反向磁场的强度称为矫顽力 H_c。矫顽力反映磁介质磁化和退磁的难易程度，其大小反映了磁芯在磁场发生偏转时的能量损耗。通常，磁介质的相对磁导率越大，H_c越小。使用磁导率较高的磁芯可以增加螺绕环的电感量，降低励磁电流的大小，减小无功损耗。

综上所述，在对螺绕环进行设计时，需要选择磁导率和饱和磁通密度足够大、矫顽力较小的磁芯材料。通过图 3-6 所示的各种软磁材料特征可以看出，铁基纳米晶合金材料是综合性能最好的软磁合金，具有饱和磁通密度大、磁导率高、矫顽力低等特点，非常适合作为发射螺绕环的磁芯材料。

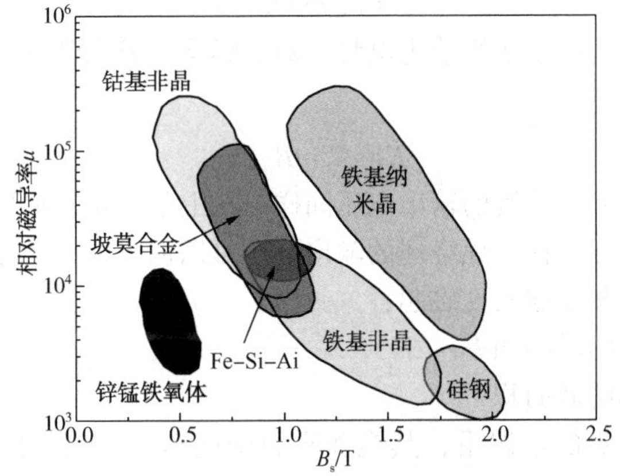

图 3-6 不同软磁材料磁性特征对比

3. 匝数及激励条件设置

除了磁芯材料外，螺绕环的匝数及激励条件也会对其电气特性产生影响。如果给螺绕环施加一个简谐电压激励 $e_s=E_s\sin(\omega t)$，螺绕环会感应出一反向的电势 $e_m=E_m\sin(\omega t)$。根据基尔霍夫电压定律有：

$$e_s=-e_m \tag{3-3}$$

根据法拉第电磁感应定律：

$$e_m=\frac{d\phi_m}{dt} \tag{3-4}$$

可得：

$$\phi_m=-\frac{E_m}{\omega}\cos(\omega t) \tag{3-5}$$

$$B_m=-\frac{E_m}{\omega NS}\cos(\omega t) \tag{3-6}$$

式中，S 为磁芯的截面积；N 为初级线圈匝数。

假设磁芯内部的磁通密度处处相等，即磁芯被均匀磁化。根据安培环路定理：

$$B_m = \frac{N\mu i_m(t)}{l} \tag{3-7}$$

式中，l 为磁芯长度。

由于磁导率 μ 具有非线性，因此励磁电流 $i_m(t)$ 不再是一个简谐量，所以会表现出图 3-4 所示的畸变现象。磁芯磁通密度峰值 B_{max} 与励磁电压有效值之间的关系可以由式(3-7)得到：

$$E = \sqrt{2}\pi fNB_{max}S \tag{3-8}$$

这一规律同样适用于次级感生电势，对于螺绕环激励装置，次级为单匝，上式变为：

$$E = \sqrt{2}\pi fB_{max}S \tag{3-9}$$

可见，螺绕环激励装置的输出电压同样存在上限。输出电压的提升有利于提高测井仪器的信噪比。提升螺绕环的输出电压可以从以下 3 个方面来实现：

(1) 选择高饱和磁通密度磁芯；

(2) 提高信号的激励频率；

(3) 增大磁芯的截面积。

在磁芯材料选定的情况下，其饱和磁通密度即为定值。提升激励信号的频率，在增加次级输出的同时，也会增加螺绕环的功率损耗，降低转换效率。因此，增加磁芯的截面积是增加螺绕环输出电压的最佳方案。

螺绕环匝数的增加一方面会增加初级线圈的电感量，降低励磁电流，避免励磁电流在磁芯接近饱和时发生畸变，产生尖峰电流对激励源造成损害；另一方面会使初次级电压比例增大，匝数多的螺绕环需要施加更大的激励电压方可获得同样的输出电压幅度，因此螺绕环的匝数应当适中。

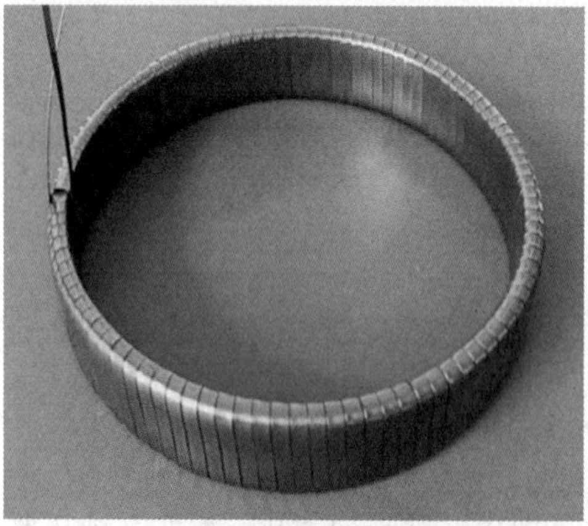

图 3-7　螺绕环实物图

综合上述讨论，设定激励电压频率为 1kHz，根据钻铤尺寸，选择尺寸为 18cm (内径) × 19cm (外径) × 2cm (高) 的环形铁基纳米晶合金磁芯 (截面积为 $1cm^2$)，用漆包铜箔均匀密绕 100 匝制成螺绕环。如图 3-7 所示，漆包线恰好绕满磁芯，将漏磁降至最低。

二、发射电路设计

信号发射电路相当于一个信号源，输出具有足够功率的频率和幅度可调的高质量激励信号，激励发射螺绕环完成测量信号的发射。如图 3-8 所示，信号发射系统包含主控电路、信号源产生电路和功率放大电路 3 个主要部分。主控电路实现信号频率和幅度的调节以及与控制指令的发送和接收；信号源产生电路用于产生高质量的正弦交流信号；功率放大电路将产生的信号源经功率放大后用于驱动发射螺绕环。

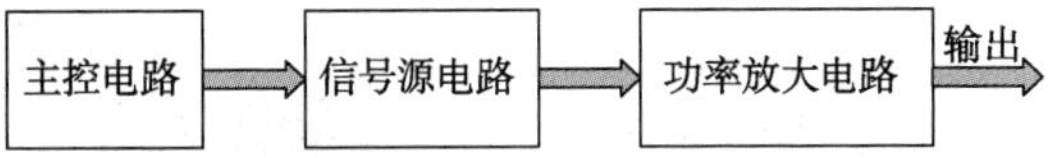

图 3-8　信号发射电路系统框图

主控电路以 TMS320F28335 作为主控 DSP 芯片，其精度高，外设丰富，开发简单方便，使用稳定高效。主控电路包括 DSP 最小系统电路、电源电路及保护电路、串口通信电路等。电源电路的核心是双通道低压差线性稳压器 TPS767D301，其将 5V 的输入电压稳压至 3.3V 和 1.8V 以供 DSP 和 DDS 芯片正常运转。SCI 串口通信电路用于与上位机控制软件进行通信，可以动态设置信号发射电路的工作状态。SPI 串口负责向信号源电路模块发送控制指令，实现配置和控制信号发射的功能。

信号源电路选取 AD9952 作为 DDS 芯片，外接 40MHz 有源晶振，在主控电路的控制下产生相应波形信号，经滤波调理后输出至功率放大电路。单端电平经单端转差分芯片 MC100LEVL16 转换为差分电平后输入至 DDS 外部时钟差分引脚以降低干扰。

功率放大电路为两级放大结构。初级为由 AD8009 搭建的差分放大电路，将信号源电路输出的波形进行 4 倍的电压幅度放大。第二级为由 PA119CE 搭建的比例放大电路，放大倍数为 10 倍，对初级放大电路的输出信号进行功率放大以提高驱动能力。

三、实验测试

设计如图 3-9 所示的装置进行模拟地层电阻率测量实验。以无磁钢质套筒模拟钻铤，将螺绕环套在钢筒左端，并将钢筒左端设为参考地。在钢筒右侧安装纽扣电极用以测量电流，测量原理与螺绕环激励原理相似。在钻铤的左端和纽扣电极极板之间连接电阻 R_t，代表流经地层最终被纽扣电极接收到的那部分电流所反映的地层阻抗，即随钻测井中的方位电阻率的大小。用另一个电阻 R_m 连接钢质套筒的两端，模拟感生电流从发射螺绕环左端的“钻铤”流出后又回到右端“钻铤”这一路径上的整体阻抗。由于泥浆的存在，这一路径的阻抗较小，取 $R_m = 10\Omega$。

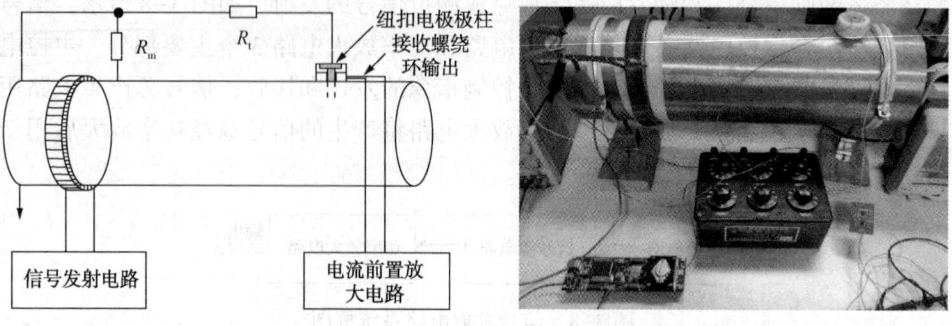

(a)示意图　　　　(b)实物图

图 3-9　发射装置物理模拟实验

螺绕环的磁芯的截面积 $S=1\text{cm}^2$，其饱和磁通密度为 0.8T，设定激励频率为 1kHz，根据式(3-9)计算可得该发射螺绕环在钻铤上可产生的最大电势 E_m = 355mV。为防止磁芯饱和造成励磁电流过大，将输出电势设定在 200mV 左右，此时初级需要的激励源电压为 20V 左右。用信号发射电路板为发射螺绕环提供稳定电压激励 U_1，设定发射信号频率为 1kHz。用变阻箱来代替方位电阻 R_t，改变其阻值大小，同时记录流经纽扣电极极柱的电流值 I_t、纽扣电极螺绕环连接的电流前置放大板输出的电压值 V_{out} 以及套筒两端的电压差 U_t。

实验测试结果如表 3-2 所示，螺绕环上的激励电压 U_s 和钻铤与地层回路上的感生电压 U_t(套筒两端的电压差)的有效值比值大致等于螺绕环的匝数。

表 3-2　物理模拟实验测量结果

R_t/kΩ	U_s/V	U_t/mV	V_{out}/mV	I_t/μA	U_s/U_t	R_{ta}/kΩ
1	3.484	33.48	1310.1	33.48	104.06	1.00
2	3.484	33.48	635.5	16.74	104.06	2.00
3	3.48	33.48	415.2	11.16	103.94	3.00
4	13.85	133.03	1308.1	33.26	104.11	4.00
5	13.85	133.00	1034.5	26.6	104.14	5.00
6	13.85	133.02	854.5	22.17	104.12	6.00
7	13.85	133.05	726.7	19.01	104.10	7.00
8	13.85	133.04	630.4	16.63	104.10	8.00
9	13.85	133.02	555.9	14.78	104.12	9.00
10	13.85	133.02	497.3	13.30	104.12	10.00
20	13.85	133.06	244.0	6.65	104.09	20.01

续表

R_t/kΩ	U_s/V	U_t/mV	V_{out}/mV	I_t/μA	U_s/U_t	R_{ta}/kΩ
30	13. 85	133. 08	163. 6	4. 44	104. 07	29. 97
40	13. 85	133. 10	125. 7	3. 33	104. 06	39. 97
50	13. 86	133. 10	103. 8	2. 66	104. 13	50. 04
60	13. 86	133. 12	90. 2	2. 22	104. 12	59. 96
70	13. 86	133. 18	81. 0	1. 90	104. 07	70. 09
80	13. 86	133. 24	74. 8	1. 67	104. 02	79. 78
90	13. 86	133. 14	70. 6	1. 48	104. 10	89. 96
100	13. 86	133. 18	66. 6	1. 33	104. 07	100. 14
200	13. 86	133. 20	55. 7	0. 67	104. 05	198. 81
300	13. 86	133. 20	54. 0	0. 44	104. 05	302. 73

电流前置放大板的输出电压有效值 V_{out} 与极柱上流经的电流值 I_t 之间有很好的线性关系，如图 3-10 所示。

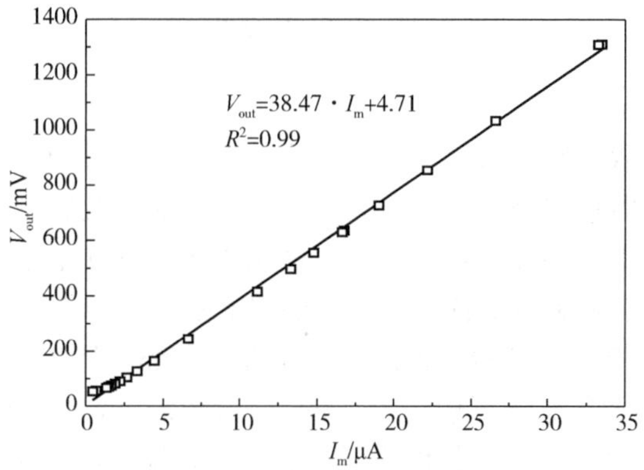

图 3-10　I_t 与 V_{out} 的相关性

因此，实际的随钻仪器可以通过测量纽扣电极螺绕环电流前置放大板的输出电压 V_{out} 来反映纽扣电极极柱上的电流 I_t 的大小，即：

$$V_{out}=K_1 I_t \tag{3-10}$$

式中，K_1 为常系数，其大小与纽扣电极内螺绕环的匝数和接收电路的放大倍数有关。

视地层电阻 R_{ta} 可由下式估算：

$$R_{ta}\approx\frac{K_1 U_s}{\sqrt{2}NV_{out}} \tag{3-11}$$

式中，N 为激励螺绕环的匝数。

实验结果表明，R_{ta} 和 R_t 之间具有极强的相关性，趋势线斜率接近 1，数据点大致分布在直角坐标系第一象限的 45°角平分线上(如图 3-11 所示)。这一结果说明设计的螺绕环激励装置在信号发射电路的驱动下，配合测量装置可以对地层电阻率进行准确的测量。

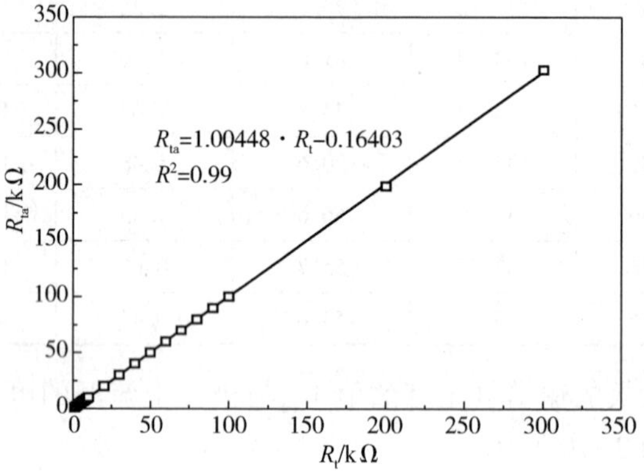

图 3-11　R_t 与 R_{ta} 的相关性

上述研究可总结为：

(1) 螺绕环式激励装置可以等效为多匝对单匝的非理想的变压器，初次级电压比等于匝数比，但初次级的电流比和功率比具有非线性特征。由于磁芯具有饱和磁通密度上限，螺绕环存在功率损耗，输出功率也存在上限。

(2) 螺绕环磁芯材料的截面积、磁性参数(相对磁导率、饱和磁通密度和矫顽力)的大小、螺绕环绕线匝数和激励信号的频率都会影响螺绕环的电气特性，增大磁芯截面积是提升螺绕环输出电压的最佳途径。选择截面积为 1cm^2 的环形(适应钻铤尺寸)铁基纳米晶材料作为磁芯，用漆包铜线绕制 100 匝制成发射螺绕环可以满足设计需求。

(3) 基于 DSP 和 DDS 设计了输出频率和幅度可调的信号发射电路，利用无磁钢套筒模拟钻铤，以电阻器件等效地层和钻井液，设定激励频率为 1kHz 进行物理模拟实验。实验结果证实，该设计方案可以实现地层电阻率测量，可靠性强。

第 2 节　数值模拟理论基础

一、3D FEM 数值方法

不同于一般测井仪器的数值模拟模型，随钻电阻率成像测井响应的模拟由于其模型尺寸变化较大，比如几厘米的纽扣电极、几毫米的裂缝和洞穴以及长达几米的测井仪器和地层，因此属于多尺度问题。目前对其模拟大多数采用有限元素法，本书基于 COMSOL Multiphysics 多物理场仿真软件电场模块(DC)建立了复杂的地层模型，考察了随钻电阻率成像测井的响应特性。

在第1章中已经介绍，在不考虑频率影响的情况下，可以将螺绕环等效为延伸的电压偶极子。此时，随钻电阻率成像测井响应的正演类似于侧向测井的正演，即对电流面密度的拉普拉斯方程进行求解。在直角坐标系下，地层电阻率 R 的电流密度 $J(x, y, z)$ 满足下面泛函表达式：

$$F(J) = \frac{1}{2}\iiint_{\Omega} \frac{1}{R}\left[\left(\frac{\partial J}{\partial x}\right)^2 + \left(\frac{\partial J}{\partial y}\right)^2 + \left(\frac{\partial J}{\partial z}\right)^2\right]\mathrm{d}x\mathrm{d}y\mathrm{d}z - \sum_{\mathrm{C}} I_{\mathrm{C}} U_{\mathrm{C}} \rightarrow \min \tag{3-12}$$

式中，$F(J)$ 为 $J(x, y, z)$ 的泛函；Ω 为求解区域；U_{C} 为钻铤上电压；I_{C} 为下接收螺绕环接收到的轴向电流值。

钻铤上电压 U 和无限远地层边界满足第1类边界条件：

$$\begin{cases} U=0, \text{无穷远地层} \\ U=C, \text{钻铤表面，}C\text{为常数} \end{cases} \tag{3-13}$$

电阻率 R 分布满足：

$$R=\begin{cases} R_{\mathrm{m}}, \text{在井眼中} \\ R_{\mathrm{xo}}, \text{在侵入带中} \\ R_{\mathrm{S}}, \text{在围岩层中} \\ R_{\mathrm{t}}, \text{在原状地层中} \end{cases} \tag{3-14}$$

通过对 $F(J)$ 进行离散化，可以得到每个单元的表达形式：

$$F(J) = \sum_{e=1}^{e_0} F_{\mathrm{e}}(J) \tag{3-15}$$

将求解的所有单元的节点合起来形成要求解的刚度矩阵：

$$[K][J]=[S] \tag{3-16}$$

式中，K 为总刚度矩阵；J 为要求解的未知量；S 为施加条件。

式(3-16)为大型稀疏矩阵，采用广义最小余量法(FGMRES)对方程组求解，求解上述刚度矩阵即可得到纽扣电极处的电流密度 J。通过对电流密度 J 进行面积分，即可获得纽扣电极处的电流 I：

$$I = \oint J\mathrm{d}S \tag{3-17}$$

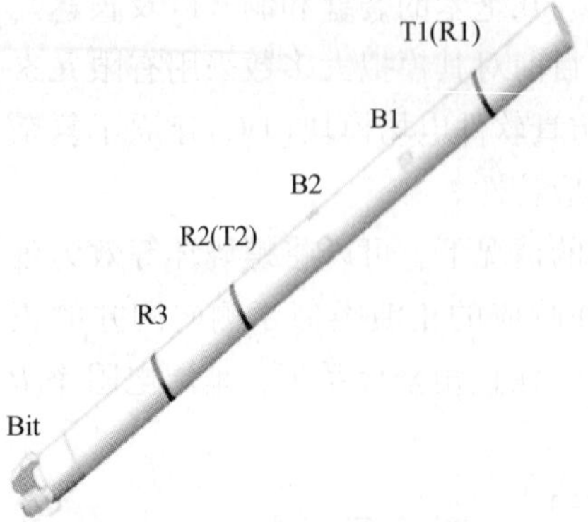

图 3-12　模拟中采用的仪器结构示意图

二、模型建立

随钻电阻率成像测井仪器结构和地层模型较复杂，无法简化为二维轴对称模型，因此，基于 COMSOL 软件内置几何建模工具建立了三维模型。模型主要有 3 种，斜度井模型、裂缝模型和洞穴模型。在模拟复杂地层响应时，为了减小计算量，简化了仪器结构，即忽略了螺绕环线圈结构。同时将钻铤结构掏空，只对其面赋予相关物质属性。仪器基本结构如图 3-12 所示，其中 T1、T2 为发射螺绕环，R3 为接收螺绕环，而 R1 和 R2 既可以作为发射螺绕环，又可以作为接收螺绕环。B1 和 B2 是用于井壁电阻率成像的纽扣电极，其成像分辨率不同（B1 为小纽扣电极，纽扣直径为 10mm，成像分辨率高；B2 为大纽扣电极，纽扣直径为 25.4mm，成像分辨率低）。纽扣电极 B1 的 4 个电极分布于正北、正东、正南、正西方向，标记为 1、3、5、7；类似地，纽扣电极 B2 的 4 个电极分别标记为 2、4、6、8。两排纽扣电极分别具有 4 个扇区，上下两排纽扣电极在周向上分布位置相差 90°，滑动测量时可形成 8 个扇区，仪器旋转时可以实现周向 128 个扇区的测量。同时，不同扇区的方位电阻率可以合成两条具有不同探测深度的环状侧向电阻率曲线；B1、B2、R2 分别构成了浅、中、深不同探测深度的侧向电阻率测量；R3 用于测量钻头电阻率。因此，该仪器可测量侧向电阻率、钻头电阻率，并进行井壁电阻率成像。本书只模拟了 T1 发射时的情况，钻铤直径为 6.75in。需要注意的是，该仪器结构为随钻电阻率成像测井仪器的基本结构，且本身测量模式较多，以其为例进行理论方法研究，可实现同类仪器的深入理解。本书后文涉及随钻电阻率成像测井仪器结构都是在此基础上进行的。

在 3 种模型中，斜度井地层模型为长方体，而含裂缝模型和洞穴模型中地层均为圆柱形。斜度井和水平井在纵向上均为 3 层地层模型，通过对不同层设置相应的电性参数，不仅可以实现 3 层不同地层模型的模拟，同时可以实现 2 层地层的模拟。如图 3-13 所示，图 3-13(a)为水平井模型，图 3-13(b)为斜度井模型。图 3-14 为裂缝和洞穴模型，纵向上除了裂缝和洞穴外为背景地层，而径向的设置与斜度井和水平井相同。不同的是，对于裂缝地层，将模型在径向上和纵向上进行分块，方便网格剖分，而对于洞穴地层则用一个圆柱形将其包住，然后对该区域进行网格加密。经过对裂缝和洞穴在模型上特殊的设置，可以大大减小裂缝和洞穴地层的计算量，且精度较高。

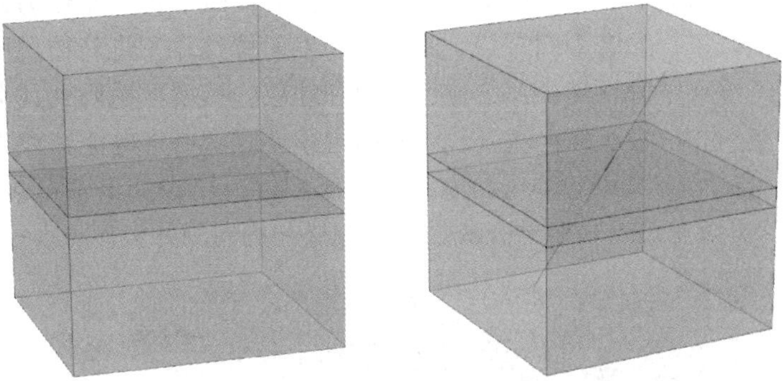

(a)水平井模型　　(b)斜度井模型

图 3-13　水平井和斜度井模型

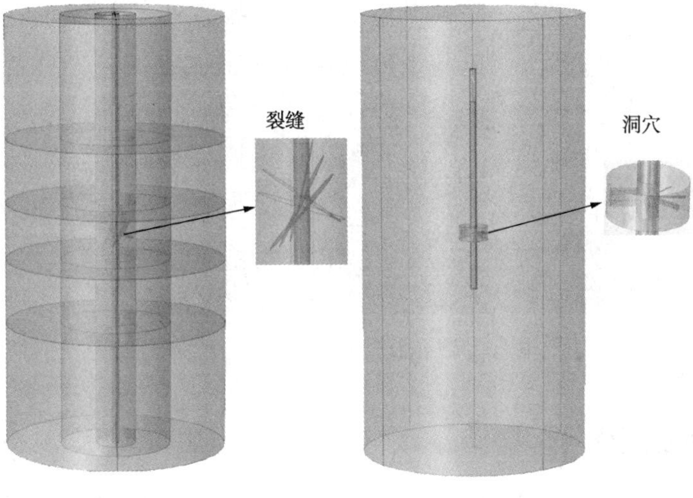

(a)裂缝模型　　(b)洞穴模型

图 3-14　含裂缝和洞穴地层模型

三、激励源加载

随钻电阻率成像测井采用螺绕环激励的方式，通过金属钻铤对电流的导通作用来达到聚焦效果。这与传统电极型激励方式不同，测量频率也高于侧向测井，一般为 1kHz 左右。忽略钻铤的电导率，将其视为理想导体，假设发射螺绕环上方和下方的钻铤部分是一对正负等量电位差的等电位面。采用直流法，忽略测量频率的影响时，可以将螺绕环在钻铤和地层中产生电流的方式等效为一对延长的电压极子。在模拟中，对发射螺绕环下方钻铤表面赋予固定的正电压，将其等效为延伸的正电压偶极子，对发射螺绕环上方钻铤表面赋予负电压作为回路，将其等效为负电压极子。二者中间有一个间隔，为发射螺绕环，将其物质属性赋成空气。电流从螺绕环下方钻铤出发，流经井眼和地层，然后再返回到其上方的钻铤中。通过采集纽扣电极表面电流，代入欧姆定律公式即可将电流转换为地层视电阻率。图 3-15 反映了其电位场和电流线分布特征，图中灰度值电位场，从 0V 到 1V 变化，可以看出这种激励方式的聚焦效果和侧向测井类似。

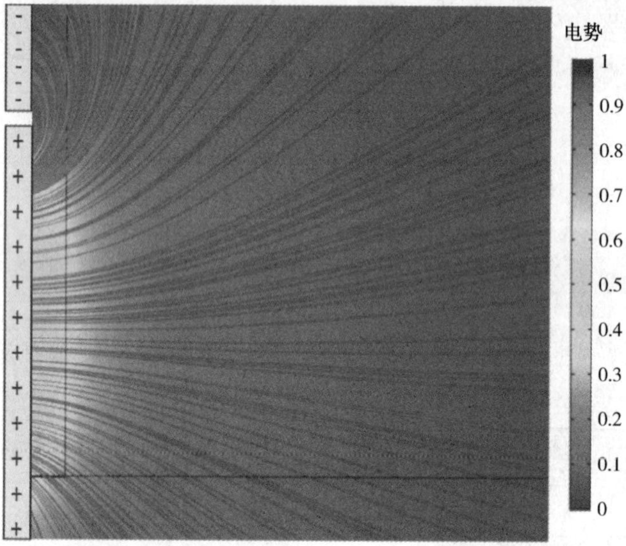

图 3-15　电位场和电流线分布特征

四、网格剖分

在模拟过程中，需要对模型进行区域分解，针对不同区域设置不同的网格尺寸，而且需要控制网格的彼此影响，以达到求解精度并提高求解速度。随钻电阻率成像测井仪器纽扣电极、洞穴、裂缝、仪器尺寸和地层模型尺寸相差较大，若采用传统的结构化网格剖分方法，会产生网格自由度过大或者计算精度不足的问题。因此，本书采用了有限元局部网格细化技术。

网格细化主要的区域包括纽扣电极表面、洞穴、裂缝、井眼等部分。对于钻铤、井眼、纽扣电极等表面，采用三角形网格进行加密。由于是面网格加密，因此这部分占据网格数量较少，但是对电流采集的精度具有较大的提升，图 3-16 为纽扣电极表面加密结果。对于洞穴和裂缝而言，网格加密一方面是对研究对象本身进行加密，此外增加了一个全新的柱状体域，将洞穴和裂缝全部包含在内，并对其进行网格加密。图 3-17 为单裂缝网格加密剖分结果，为了和上述表面三角形网格更好地匹配，裂缝、洞穴和地层等区域的网格采用四面体网格。

图 3-16　纽扣电极网格剖分结果

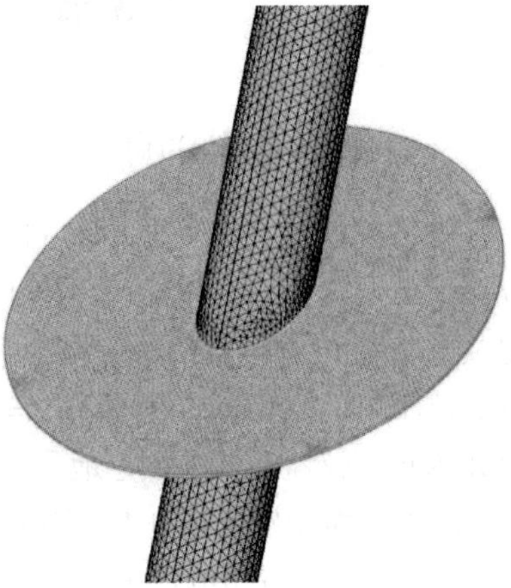

图 3-17　单裂缝网格剖分结果

五、模型验证

为了验证有限元算法的准确性，建立了三维有限元模型。模型为高 40m、直径 40m 的圆柱形地层，地层电阻率从 0.1Ω · m 到 1000Ω · m 变化。以侧向测量为例，考察了有限元解与第 1 章中推导的解析解的计算误差。通过计算侧向模式的电流结果与解析解进行对比，从图 3-18 中可以看出，三维有限元和解析解在均匀地层中测量电流信号一致性较好，三维有限元相对误差小于 1%，说明有限元算法可满足计算需要。

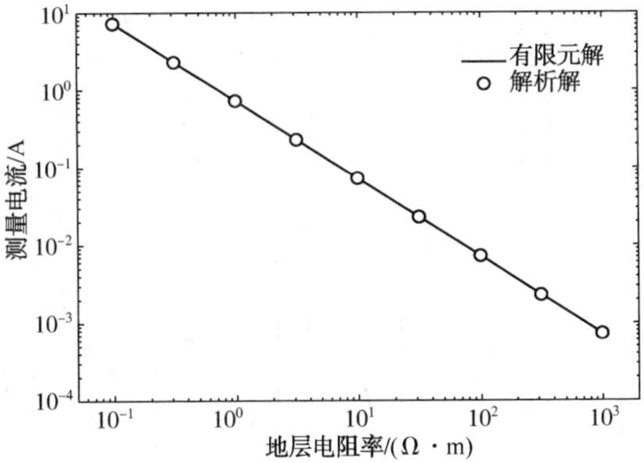

图 3-18　均匀地层模型验证

第3节　典型地层测井响应

一、水平井测井响应

为考察仪器在水平井中的测井响应，建立了水平井模型。模型由3层地层组成；上下层为围岩，电阻率 $R_s = 1\Omega \cdot m$；中间层为目的层，电阻率 $R_t = 10\Omega \cdot m$，泥浆电阻率 $R_m = 0.1\Omega \cdot m$。仪器位于目的层中，目的层厚度 $H = 2m$，仪器的初始位置位于目的层中间，坐标为 $Z = 0$，向上靠近地层界面 Z 为正，向下靠近地层界面 Z 为负。仪器在向上接近地层界面过程中，1号纽扣电极正对地层界面，与地层界面最近，而5号纽扣电极则距离地层界面最远，向下接近地层界面则情况相反。

图3-19为纽扣电极B1和B2不同方位视电阻率与仪器和地层界面距离的关系。可以发现，1号、2号、4号、5号、6号、8号纽扣电极与传统侧向类测井在直井中的测井响应类似。当仪器靠近地层界面处时，由于电荷的累积，具有“犄角”现象，离开地层界面时也是如此。同时，仪器在地层上下界面处的测井响应不对称。相比而言，3号和7号纽扣电极与地层界面相垂直，仪器接近界面过程中产生的“犄角”现象不明显。8个方位纽扣电极在接近界面时，电阻率变化不同，可以利用仪器不同方位靠近地层界面时电阻率差异实现对地层界面的探测。

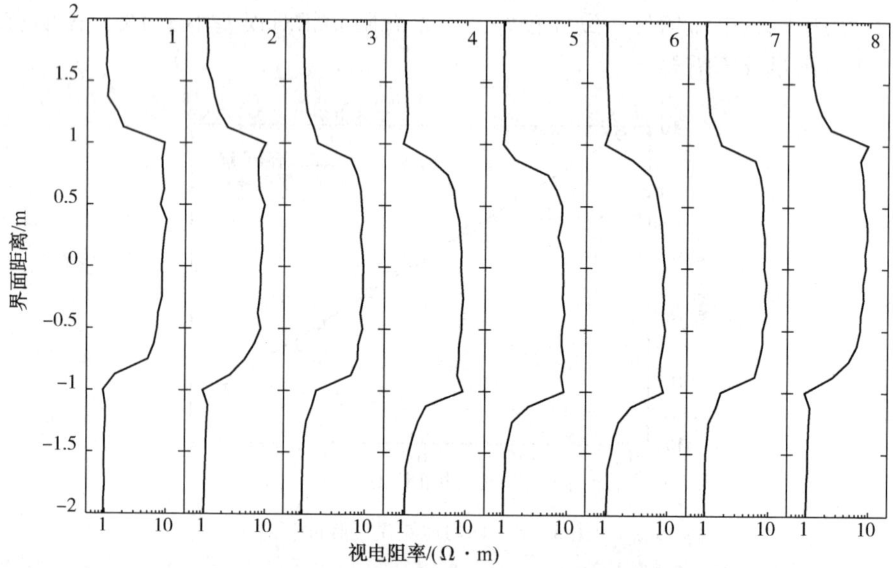

图3-19　水平井中不同方位纽扣电极测井响应

将上述计算模型简化为两层水平地层，考察仪器对界面的识别能力。界面之上地层电阻率 $R_{t1}=1\Omega\cdot m$，界面之下地层电阻率 $R_{t2}=\{1\ 10\ 100\ 1000\}\ \Omega\cdot m$。仪器位于界面之下，逐渐向界面靠近过程中考察仪器的响应特性。根据方位性电阻率测量差异定义了仪器边界探测参数 D_E 如下：

$$D_E=\frac{R_0-R_{180}}{0.5\cdot(R_0+R_{180})}\cdot 100\% \tag{3-18}$$

式中，R_0 为靠近地层界面处纽扣电极测量视电阻率，相当于 1 号纽扣电极测量值；R_{180} 为远离地层界面处纽扣电极测量视电阻率，相当于 5 号纽扣电极测量值。

通过图 3-20 可以看出，当电阻率对比度为 1 时，地层相当于均匀地层，D_E 为 0 值；当电阻率对比度大于等于 10 以后，随着仪器与地层界面距离的减小，D_E 值逐渐增大，且不同地层对比度对 D_E 值的影响较小。D_E 与界面距离 Z 的这种关系说明，利用不同方位纽扣电极测得的视电阻率可以预测仪器与水平界面的距离。

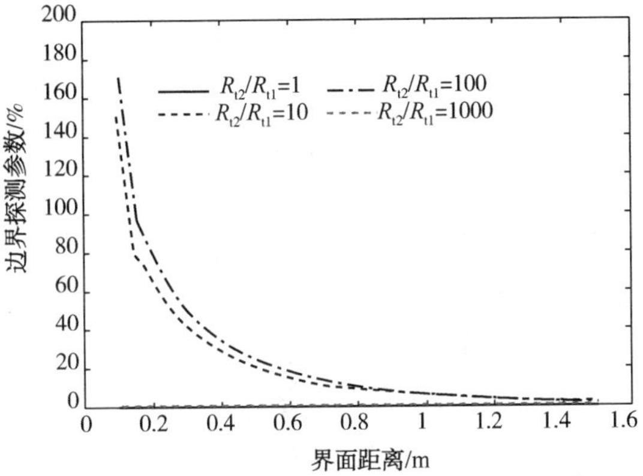

图 3-20　地层边界探测能力

二、斜度井测井响应

在钻井过程中，垂直段进入水平段之前，需要进行造斜。因此，斜度井在随钻测井中起着非常重要的作用。建立了斜度井两层地层模型，考察仪器对界面的响应特性。如图 3-21 所示，界面之上地层为低阻层，其电阻率 $R_{t1}=1\Omega\cdot m$；地层界面之下地层为高阻层，其电阻率 $R_{t2}=1000\Omega\cdot m$。仪器从地层上界面逐渐向下钻进，纽扣电极与界面沿着井轴方向的距离定义为 M_D。当仪器在界面之上定义 M_D 为正，当仪器在界面下时定义 M_D 为负，仪器与地层界面的夹角为 θ。

利用图 3-20 所示模型和对应的参数进行有限元数值计算，可获得纽扣电极 B1 和 B2 在测量深度上的测井响应曲线。以 B1 为例，从图 3-22 可以看出，当仪器与界面夹角 θ 为 5°时，距离地层界面最近的 1 号纽扣电极所在方位和距离界面最远的 5 号纽扣电极所在方位的测井曲线的犄角在 M_D 上的距离 D_{max} 最大，二者曲线的横坐标在靠近地层界面形成的两个犄角相差 2m。随着夹角 θ 的增大，D_{max} 越来越小，当夹角达到 45°时，不同方向的纽扣电极测量的视电阻率曲线几乎重合，此时不同方位纽扣电极距离地层界面距离较大，因此其测量得到的电阻率彼此之间差异很小。利用上述结论可知，可以通过绘制不同方位纽扣电极的视电阻率曲线来判定仪器和地层之间夹角的大小。

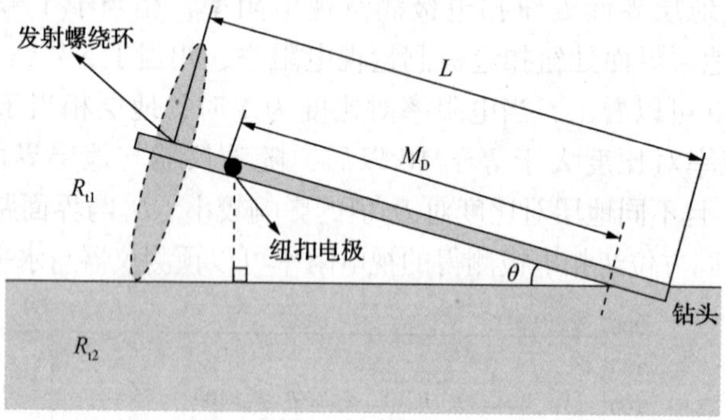

图 3-21　斜井地层界面模型

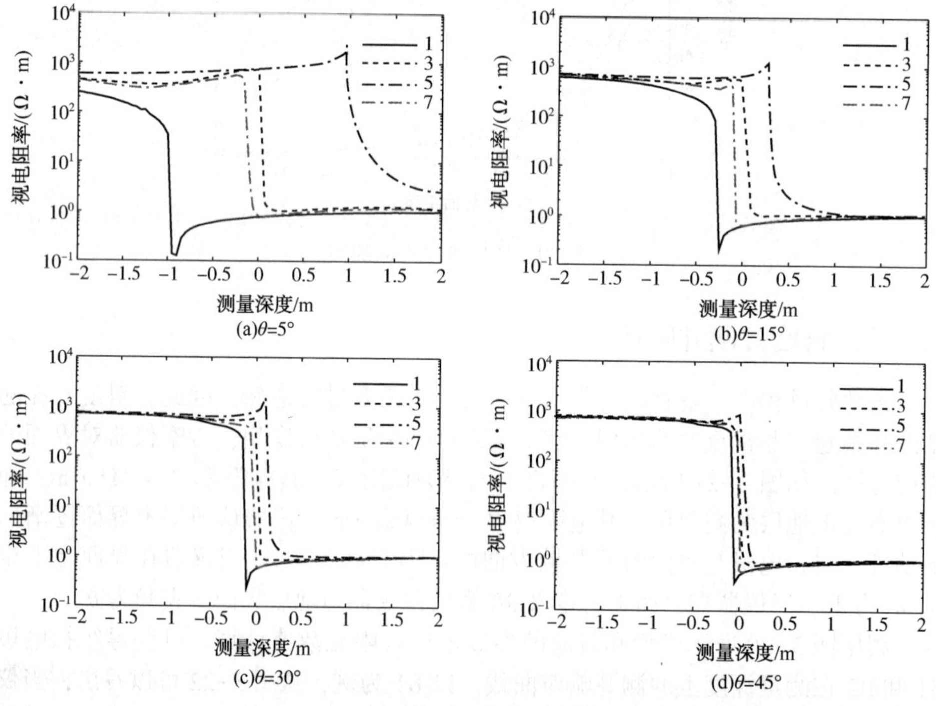

图 3-22　仪器与地层夹角不同时的测井响应

为了验证不同地层对比度下该结论的适用性，对图 3-21 模型中固定 R_{t1} = 1Ω · m 不变，R_{t2}分别选取了 10Ω · m、100Ω · m、1000Ω · m 三个值，即上下地层电阻率对比度 R_{t2}/R_{t1}分别为 10、100、1000，仪器与地层夹角 $\theta = 5°$。从图 3-23 中可以看出，界面上下地层电阻率对比度不同时，1 号纽扣电极和 5 号纽扣电极分别获得的犄角位置十分接近，即地层对比度对 D_{max}影响较小，说明在不同地层情况下均可实现仪器与地层界面夹角的预测。

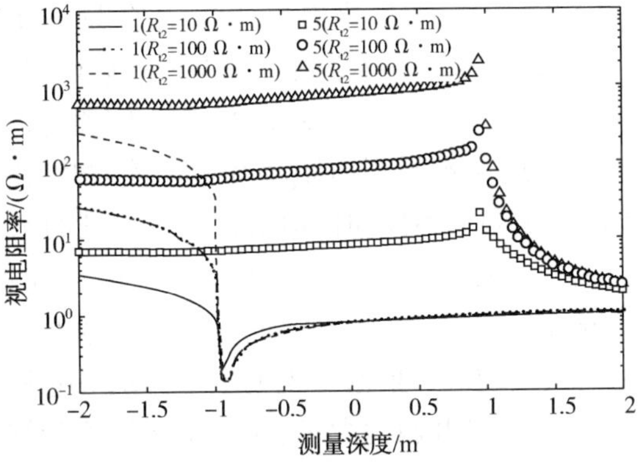

图 3-23　不同电阻率对比度仪器视电阻率与地层界面距离 M_D 的关系

以上研究可知，利用不同方位纽扣电极的测井曲线差异可以对仪器与水平界面的距离和仪器与地层的夹角进行计算，结合仪器的地理方位测量系统，可实现钻进轨迹的控制。第 5 章将建立定量模型对上述参数进行计算，并对其适用范围进行分析。

三、各向异性地层

人们很早就意识到地层具有各向异性这一性质，但是在常规测井中，大多数井为垂直井，地层各向异性对其影响不是很显著，常常被人们忽略。而随着大斜度井和水平井测井活动的增加，地层各向异性成为必须考虑的因素之一。对随钻电阻率成像测井而言，一般测量的视电阻率为水平视电阻率。在电阻率各向异性地层中，地层的垂直电阻率与水平电阻率不同，因此测量的水平视电阻率会受到垂直电阻率的影响。

本小节主要考察了地层电阻率各向异性系数对测量结果的影响，此时地层电阻率 R 由常规的标量变为式(3-19)所示的张量：

$$R=\begin{bmatrix} R_{xx} & R_{xy} & R_{xz} \\ R_{yx} & R_{yy} & R_{yz} \\ R_{zx} & R_{zy} & R_{zz} \end{bmatrix} \tag{3-19}$$

模拟中只考虑地层水平和垂直两个方向电阻率，设在地层水平方向上电阻率为 R_h，垂直方向上电阻率为 R_v，于是电阻率张量式(3-19)可以简化为：

$$R=\begin{bmatrix} R_h & 0 & 0 \\ 0 & R_h & 0 \\ 0 & 0 & R_v \end{bmatrix} \tag{3-20}$$

首先模拟了无限大各向异性地层中井斜角对地层视电阻率的影响。模拟中地层水平电阻率 R_h 固定为 10Ω·m，地层垂直电阻率 R_v 分别为 10Ω·m、20Ω·m、50Ω·m、100Ω·m，即地层各向异性系数 $\lambda^2=R_v/R_h$ 为 1、2、5、10，地层井斜角从 0°(垂直井)到 90°(水平井)变化。图 3-24 为不同测量模式的模拟结果，横坐标为井斜角，纵坐标为地层水平视电阻率和模型水平电阻率的比值。可以看出，当 $\lambda^2=1$ 时，此时为无限大各向同性地层，测量得到的水平视电阻率即为地层真实电阻率，因此纵坐标为 1；当 λ^2 分别为 2、5、10 且井斜角小于 30°时，测量结果只与地层各向异性系数有关，地层各向异性系数越大，将水平视电阻率看作地层视电阻率带来的误差越大，但水平视电阻率和水平电阻率比值最大不超过 1.5；当 λ^2 分别为 2、5、10 且井斜角大于 30°时，地层测量结果会受到井斜角度和地层各向异性系数的共同影响，且二者数值越大，影响越明显。但水平视电阻率和水平电阻率比值最多不超过 2。综合上述结果可以看出，随钻电阻率成像测井由于其测量频率低可近似为直流电，其受到地层各向异性系数影响较小，说明其在各向异性地层中具有较好的适用性。

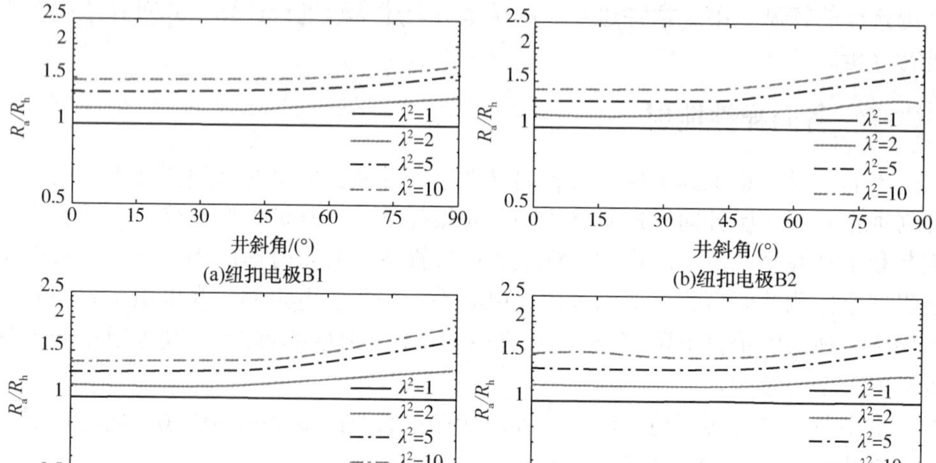

图 3-24　无限大各向异性地层井斜角的影响

同时，模拟了目的层厚度不同时各向异性地层对水平视电阻率的影响。目的层厚度 H 分别为 0.1m、0.2m、0.5m、1m，围岩电阻率为 1.0Ω·m，目的层水平电阻率为 10Ω·m，垂直电阻率为 10Ω·m、20Ω·m、50Ω·m、100Ω·m，各向异性参数 λ^2 分别为 1、2、5、10。图 3-25 为纽扣电极 B1 的模拟结果，可以看出，地层厚度越小，地层视电阻率越低，目的层受到围岩的影响越明显；地层各向异性参数越大，目的层地层视电阻率越大。值得庆幸的是，当地层各向异性参数不同时，测量得到地层的视厚度几乎不变，使得利用电阻率曲线划分地层视厚度时无须考虑地层各向异性参数对其的影响。也从另外一个角度说明，地层各向异性对随钻电阻率测井的影响是有限的。

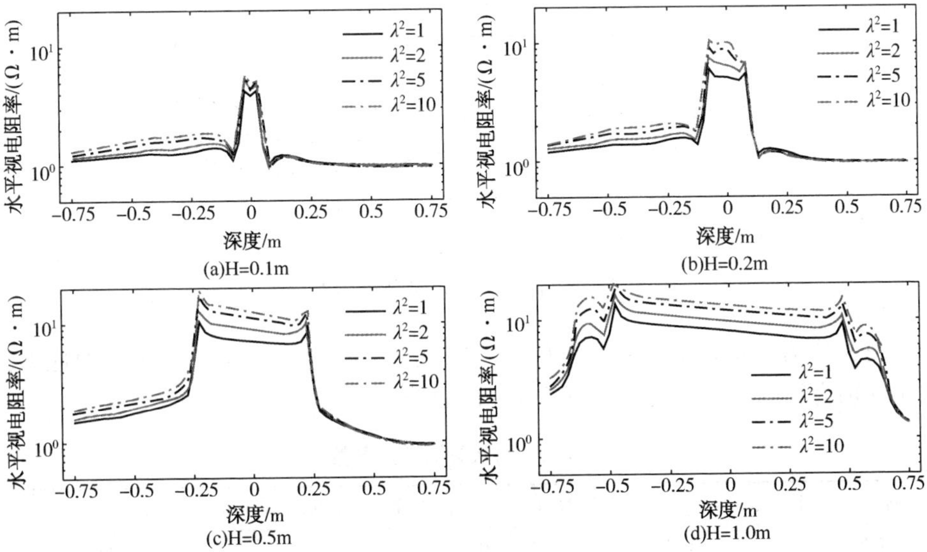

图 3-25 不同目的层厚度各向异性地层测井曲线

第 4 节 裂缝地层测井响应

碳酸盐、火山岩等地层，非均质性较强且测井预测难度大，随钻电阻率成像测井对该类储层具有较好的应用效果。含裂缝地层测井响应机理复杂，研究其测井响应机理对测井解释具有重要的意义。基于三维有限元素法，实现了对单一裂缝和网状裂缝的随钻电阻率成像测井响应模拟。表 3-3 为单裂缝测量信号影响因素模拟参数列表，裂缝倾向为正北方位，考察了裂缝张开度、延伸度、电阻率对比度和裂缝倾角对测量信号的影响，固定背景地层电阻率为 100Ω·m，裂缝电阻率为 1Ω·m。

表 3-3 单裂缝模拟参数

影响因素	张开度/mm	延伸度/m	倾角/(°)	泥浆电阻率/(Ω·m)
张开度	0.1~5	0.5	0~75	1
延伸度	5	0.1~0.5	0~45	1
电阻率对比度	5	0.5	0	0.1~20
裂缝倾角	5	0.5	0~75	1

图 3-26 为网状裂缝模型展开示意图，裂缝 1 与裂缝 2 倾向为正东，裂缝 3、裂缝 4 和裂缝 5 倾向为正西。设置 5 条裂缝不同的延伸度、裂缝倾角来考察这些因素的影响，并通过图像的显示来进行直观分析。

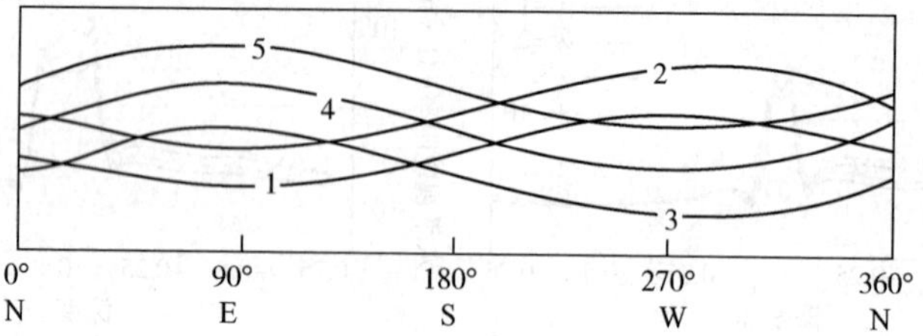

图 3-26 网状裂缝模型展开示意图

表 3-4 为网状裂缝影响因素模拟参数列表。表中某一参数改变时，对应参数顺序分别为编号为 1 的裂缝到编号为 5 的裂缝。

表 3-4 网状裂缝模拟参数

影响因素	张开度/mm	延伸度/m	裂缝电阻率/(Ω·m)	倾角/(°)
延伸度	5	0.1，0.2，0.3，0.4，0.5	1	45
裂缝倾角	5	0.5	1	15，30，45，60，75

一、成像分辨率

图 3-27 为经过电阻率线性刻度的网状裂缝的成像结果。模型中 5 条裂缝张开度为 5mm，延伸度为 0.5m，裂缝倾角为 45°，裂缝和泥浆电阻率为 1Ω·m，地层背景电阻率为 100Ω·m，井眼直径为 8.5in，钻铤直径为 6.75in，纽扣电极向钻铤外径延伸 2mm，纽扣电极距离井壁为 0.0182m。可以看出，大小纽扣电极的成像结果类似，而且粗略估算，图像的裂缝张开度与模型的裂缝张开度相差较远，此时纽扣电极对裂缝的成像效果较差。相比而言，电缆式成像测井仪器采用贴井壁的测量方式，因此获得了良好的成像结果。由此推测，图 3-27 的成像结果较差的原因很可能是井眼环境的影响。

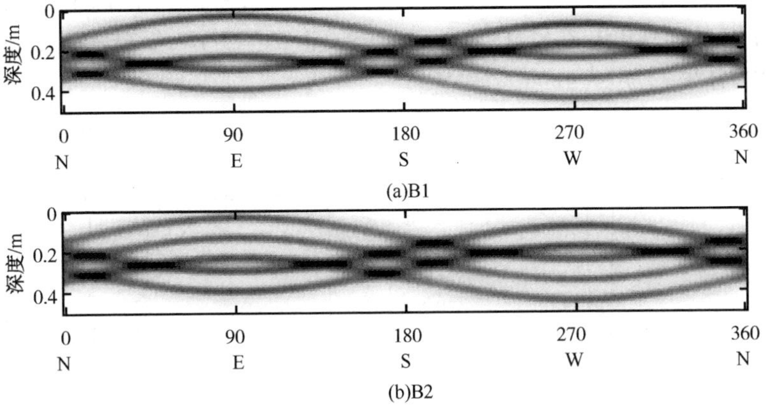

图 3-27　网状裂缝成像结果

为了考察影响成像分辨率的因素，建立了水平单裂缝地层模型。裂缝张开度为 5mm，裂缝和泥浆电阻率一致，从 0.1Ω · m 到 20Ω · m 变化。地层背景电阻率为 100Ω · m，井眼直径为 8.5in。图 3-28 为仪器在纵向上移动采集数据获得的测井曲线，裂缝位于深度 0m 处。可以看出，在不同泥浆电阻率下，测井曲线不同。当泥浆电阻率越小时，仪器在裂缝处测量的视电阻率越小，仪器对裂缝的分辨率越高。但是在整个泥浆电阻率范围内，仪器对裂缝的分辨率较差，距离裂缝张开度 5mm 相差较大，而且小纽扣电极 B1 和大纽扣电极 B2 对裂缝分辨率接近。总而言之，泥浆电阻率对裂缝有影响，在大井眼(或者纽扣电极距离井壁距离较大)情况下，很难获得可观的裂缝分辨率。

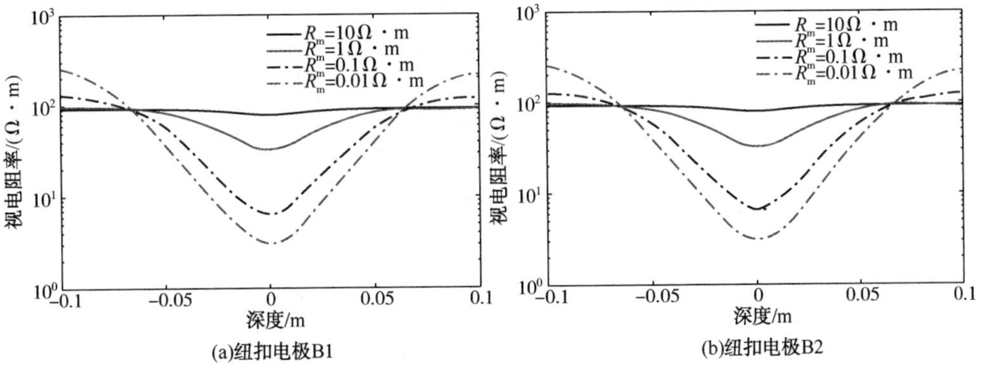

图 3-28　泥浆电阻率对成像分辨率的影响

图 3-29 为固定泥浆电阻率为 1Ω · m，井眼直径从 6.8in(无井眼，仅存在钻铤)到 8.5in 变化时的测井曲线。可以看出，随着井眼直径的减小，仪器对裂缝

的分辨率不断提高，当井眼直径为 7in 时，纽扣电极距离井壁 1mm，此时仪器对裂缝的分辨率与纽扣电极尺寸接近，其中小纽扣电极 B1 分辨率为 10mm，大纽扣电极 B2 分辨率为 25.4mm。

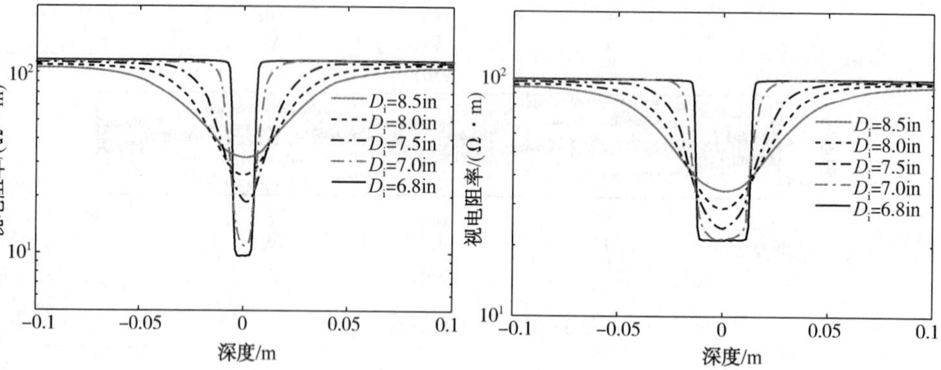

(a)纽扣电极B1　　(b)纽扣电极B2

图 3-29　井眼直径对成像分辨率的影响

通过图 3-29 可以看出，井眼尺寸的大小对仪器成像分辨率具有较大的影响，当井壁与纽扣电极距离较小时，仪器对裂缝分辨率较高。在随钻电阻率成像仪器设计中，一般纽扣电极会从钻铤向外延伸几毫米的距离，而在测量中，井径的变化导致纽扣电极不会一直贴在井壁上。图 3-30 为纽扣电极与井壁距离对测量信号的影响关系，可以看出，对 B1 而言，当纽扣电极与井壁距离大于 1mm 时，测量信号开始变小；相比而言，当纽扣电极与井壁距离大于 3mm 时，B2 的测量信号开始变小，说明 B1 受到井眼环境影响大于 B2。

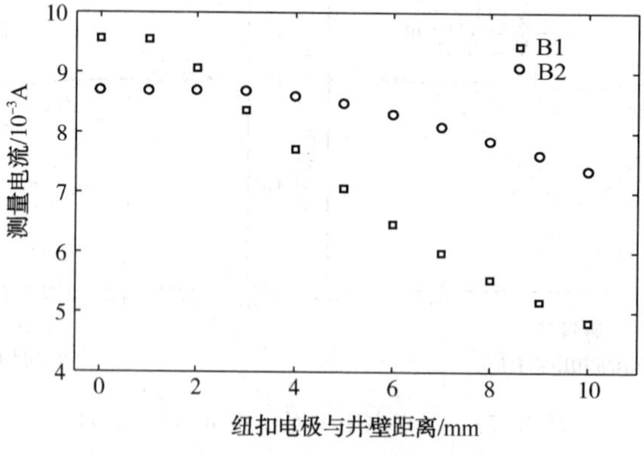

图 3-30　纽扣电极与井壁距离对测量信号的影响

同时，建立了两条水平裂缝模型(双缝模型)，通过改变二者之间的距离 h 来考察仪器对裂缝的分辨率。模型中，双缝的张开度均为 5mm，裂缝和泥浆电阻率为 1Ω · m，井眼直径为 7in，纽扣电极距离井壁 1mm，双缝之间距离 h 分别从 0.2in 到 1.0in 变化，两条裂缝关于深度 0m 处对称分布。图 3-31 为双缝模型模拟结果，可以看出对于 B1，当双缝间距小于 0.4in 时，测井曲线为一个谷底，此时无法分辨出双缝；而当双缝间距大于等于 0.4in 时，测井曲线为两个谷底，此时可以分辨出双缝的存在。因此，当井眼直径为 7in，纽扣电极距离井壁 1mm 时，B1 的分辨率与其纽扣电极尺寸相同，为 0.4in(10mm)。同理，B2 的分辨率与其纽扣电极尺寸相同，为 1in(25.4mm)。该结论与单缝模拟结果一致，即当纽扣电极距离井壁距离为 1mm 左右时，仪器对裂缝的分辨率与纽扣电极直径接近。

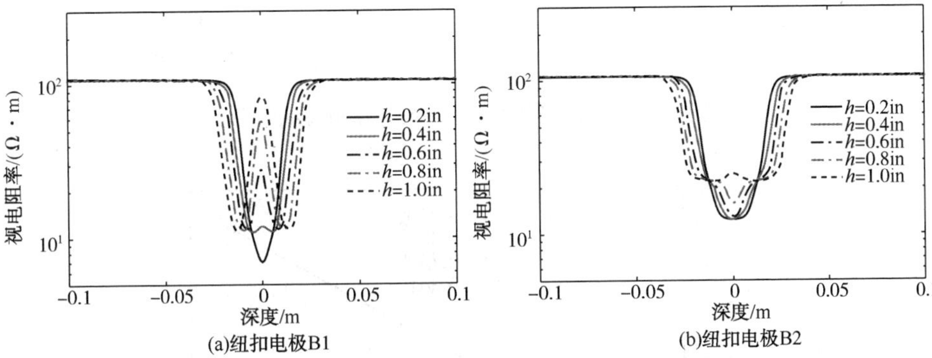

图 3-31　双缝模型模拟结果

二、裂缝张开度

裂缝张开度作为裂缝的参数之一，在定量描述裂缝中起着重要的作用。通过正演模型建立裂缝张开度解释模型对复杂裂缝地层的测井解释具有指导作用。图 3-32 为不同张开度情况下水平裂缝测井曲线，其中裂缝延伸度为 0.5m，泥浆电阻率和裂缝电阻率为 1Ω · m，背景地层电阻率为 100Ω · m，裂缝张开度从 0.05mm 到 1mm 变化。可以看出，随着裂缝张开度的增大，在裂缝中心处的测量电流不断增大，由于裂缝张开度均小于两个纽扣电极的分辨率，因此不同张开度的测井曲线在纵向上形成的曲线宽度较接近。同时，与纽扣电极分辨率接近，在不同张开度下，小纽扣电极 B1 测井曲线宽度为 10mm，大纽扣电极 B2 测井曲线宽度为 25.4mm。

由于裂缝的存在，测量电流在裂缝中心处形成异常。斯伦贝谢 S. Mluthi 和 P. Souhaite 建立的张开度解释模型中引入异常电流面积 A 这个概念，分析其与裂缝张开度的关系。A 在计算中由图 3-32 不同曲线的面积积分所得，通过图 3-33 可以看出，异常电流面积 A 与裂缝张开度 W 具有较好的线性关系，这与电缆井壁电阻率成像测井得到的关系一致。

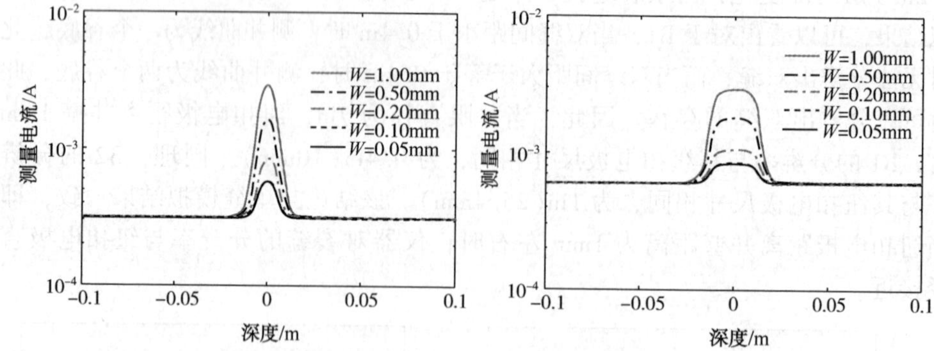

(a)纽扣电极B1　　(b)纽扣电极B2

图 3-32　不同张开度下水平裂缝模拟曲线结果

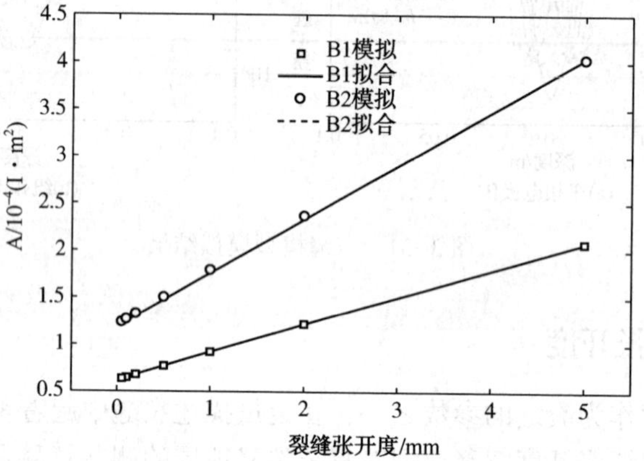

图 3-33　裂缝处异常电流面积与裂缝张开度的关系

除了上述异常电流面积的概念外，还可以用最大电流对比度分析裂缝存在引起测量电流的变化，相关内容将在第 5 章中进行介绍。

三、裂缝延伸度

裂缝延伸度作为裂缝的参数之一，和张开度一起决定着油气的储量。模拟了不同延伸度的测量信号曲线。模型中，裂缝张开度为 5mm，泥浆电阻率与裂缝电阻率为 1Ω · m，背景地层电阻率为 100Ω · m，裂缝延伸度 E_x 从 0. 1m 到 0. 5m 变化，模拟了水平裂缝、斜裂缝和网状裂缝3种情况下裂缝延伸度对视电阻率的影响。

图3-34为水平裂缝不同延伸度下测井曲线，可以看出，在裂缝中心处，随着裂缝延伸度的增大，测量信号逐渐减小，但是减小幅度较小。图3-35给出了裂缝异常电流面积A与水平裂缝延伸度的关系，可以直观地看出，电流异常面积A与裂缝延伸度呈幂指数关系，水平裂缝延伸度对测量电流影响有限，特别是延伸度大于0.3m后，延伸度对测量信号的影响可以忽略。图3-36是电流对比度I_{max}/I_{min}（I_{max}为纽扣电极正对裂缝处测得的电流，I_{min}为纽扣电极在背景地层中测得的电流）与水平裂缝延伸度的关系，可以看出规律性与图3-35一致。

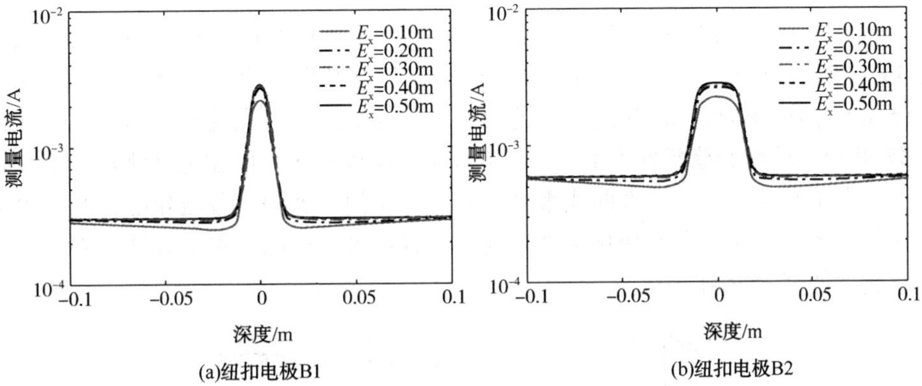

图3-34　不同延伸度下水平裂缝模拟曲线结果

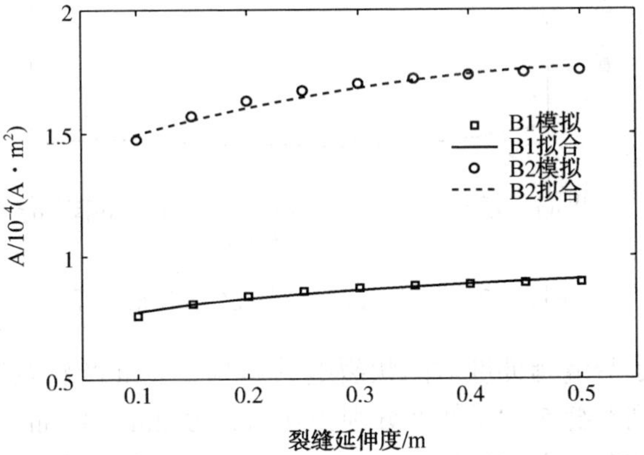

图3-35　异常电流面积与水平裂缝延伸度的关系

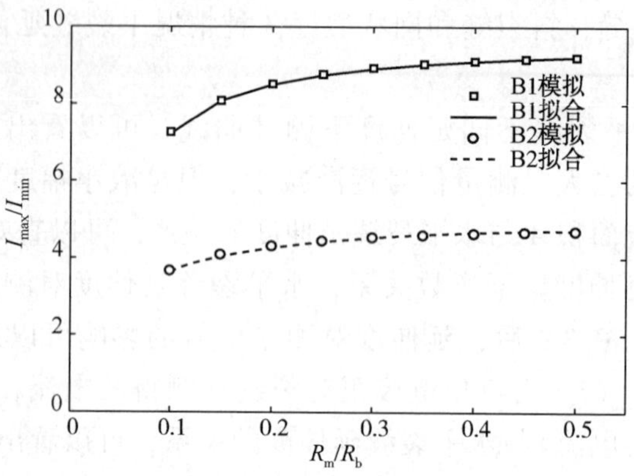

图 3-36　电流对比度与水平裂缝延伸度的关系

以 B1 为例，分析了斜裂缝中延伸度对测量电流的影响。模型中，裂缝倾角为 45°，倾向为正北，因此 3 号纽扣电极和 7 号纽扣电极靠近裂缝，而 1 号纽扣电极和 5 号纽扣电极远离裂缝，其他模型参数与上述水平裂缝的情形一致。从图 3-37 可知，随着裂缝延伸度的增大，1 号纽扣电极和 5 号纽扣电极测量电流变化较小，由于对称分布，二者曲线重合；而 3 号纽扣电极和 7 号纽扣电极测量电流则变化较大，曲线重合且变化幅度达到一个数量级。相比于水平裂缝，斜裂缝受到裂缝延伸度的影响更大。

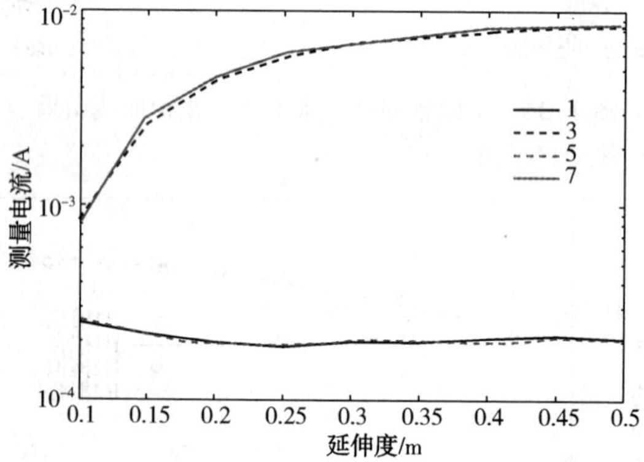

图 3-37　测量电流与斜裂缝延伸度的关系

同时，模拟了裂缝延伸度对网状裂缝的影响。裂缝产状及模型与图 3-26 一致，设置裂缝 1 到裂缝 5 的延伸度分别为 0. 1m、0. 2m、0. 3m、0. 4m、0. 5m。通过图 3-38 成像结果发现，裂缝 1 在图像上未显示，而其他裂缝在图像上均有显示，而且裂缝延伸度越大，裂缝颜色越暗。因此，裂缝延伸度小于等于 0. 1m 在图像上无法显示。

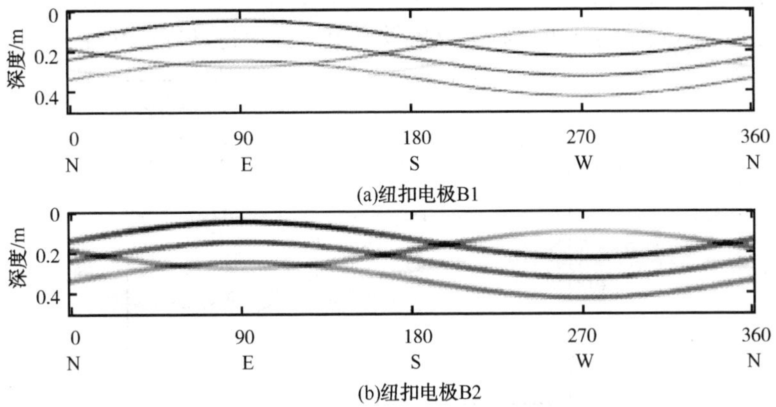

图 3-38　不同裂缝延伸度成像结果

四、电阻率对比度

虽然纽扣电极距离井壁距离很近，但是井筒中仍然存在泥浆，同时泥浆侵入裂缝，使得测量范围内裂缝中充满了泥浆。为了定量研究泥浆电阻率和背景地层电阻率对比度对成像结果的影响，建立了水平单一裂缝模型。模型中，泥浆电阻率和裂缝电阻率从 0. 1Ω · m 到 10Ω · m 变化，背景地层电阻率为 100Ω · m，裂缝张开度为 5mm。图 3-39 为不同泥浆电阻率的模拟结果，可以看出，随着泥浆电阻率的增大，裂缝处的测量电流逐渐降低。

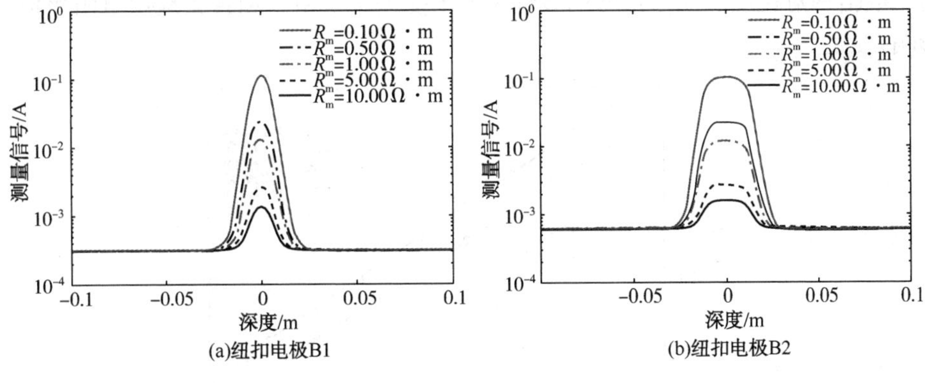

图 3-39　不同泥浆电阻率模拟结果

对图 3-39 中的测量曲线进行积分，得到图 3-40。横坐标为泥浆电阻率与背景地层的电阻率对比度 R_m/R_b，纵坐标为异常电流面积 A。可以看出，当 R_m/R_b 小于 0. 02 时，其与 A 具有较好的线性关系；而当 R_m/R_b 大于 0. 02 时，利用线性

拟合得到的 A 与实际误差较大。这一关系与电缆式井壁电阻率成像仪器不同，电缆式井壁电阻率成像测井可以在 R_m/R_b 较宽范围内保持良好的线性关系。

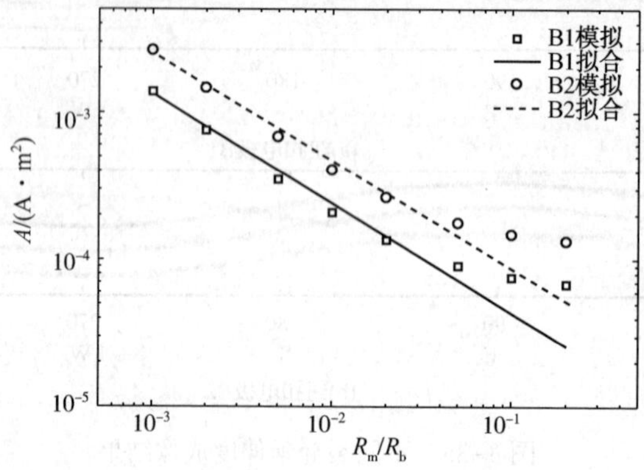

图 3-40　异常电流面积与电阻率对比度的关系

为了定量考察泥浆电阻率与背景地层电阻率对比度和电流对比度的关系，提取了图 3-39 中裂缝处电流和背景地层电流，采用双对数坐标系绘制出图 3-41。可以看出，随着电阻率对比度的增大，测量信号的变化呈现出线性变化。图 3-41 是固定背景电阻率情况下得到的结果。图 3-42 为固定泥浆电阻率为 1Ω · m，背景地层电阻率从 10Ω · m 到 1000Ω · m 变化时的情形。可以看出，此时电阻对比度和测量信号仍然呈线性关系。不同的是，前者是线性递减，而此时为线性递增。对比图 3-41 和图 3-42 可以看出，在合适的泥浆电阻率和地层电阻率范围内，电阻率对比度和测量信号的线性关系不受泥浆电阻率和背景地层电阻率值的影响。

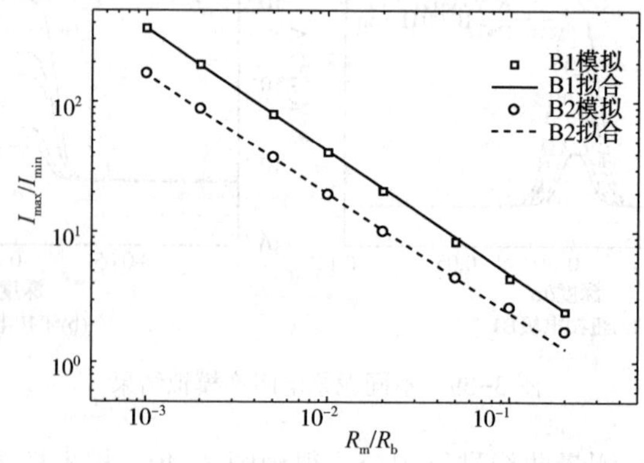

图 3-41　测量电流对比度与电阻率对比度的关系

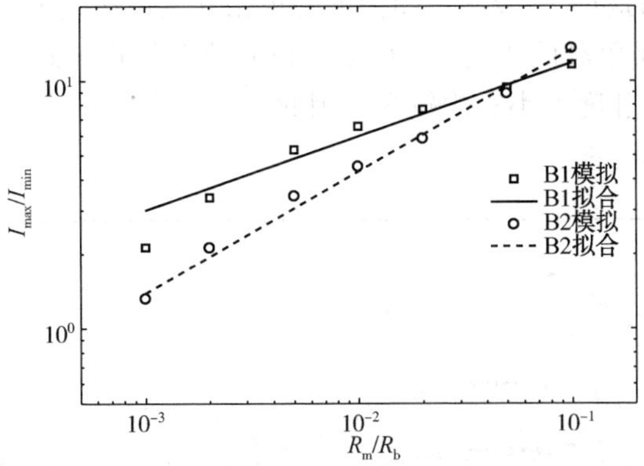

图 3-42 测量电流对比度与电阻率对比度的关系

五、裂缝倾角

裂缝产状对成像结果有一定的影响，同时是裂缝张开度模型建立时需要考虑的参数。本小节考察了裂缝倾角不同时测量结果的变化，模型中裂缝张开度为5mm，泥浆电阻率和裂缝电阻率为1Ω·m，背景地层电阻率为100Ω·m，裂缝倾角从15°到75°变化。图 3-43 为模拟结果，当裂缝倾角小于45°时，随着裂缝倾角的增大，测井曲线幅度变化较小；而当裂缝倾角大于45°时，随着裂缝倾角的增大，测井曲线幅度变宽且变化幅度较为明显。

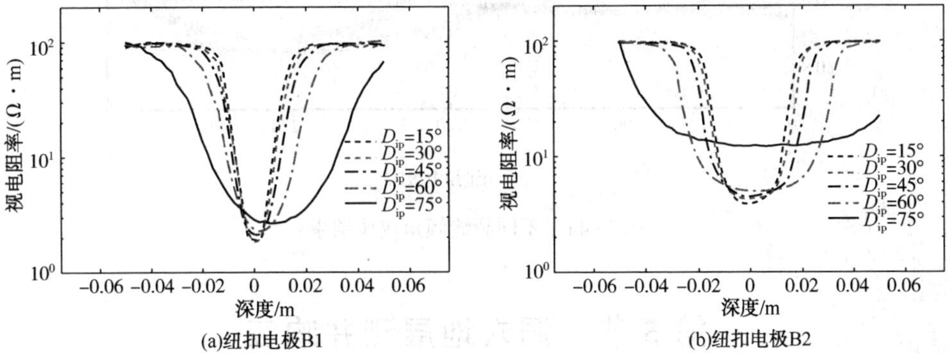

图 3-43 不同裂缝倾角模拟结果

同时，模拟了网状裂缝模型下不同裂缝倾角的成像效果。模型中，裂缝1到裂缝5产状分别为15°、30°、45°、60°、75°，其他参数与上述网状裂缝一致。可以通过图 3-44 直观看出，对于裂缝1、裂缝2和裂缝3，其倾斜角度较低，裂缝在图像上的视张开度变化不大；裂缝4到裂缝5相比于裂缝1、裂缝2、裂缝

3，随着裂缝倾角的增大，裂缝在图像上的视张开度依次增大。综合图 3-43 和图 3-44 来看，裂缝倾角对低角度（小于 45°）裂缝的视张开度大小影响较小，而对于高角度裂缝的视张开度大小影响较大。因此在建立张开度计算模型时，应该注意裂缝产状这一关键因素。

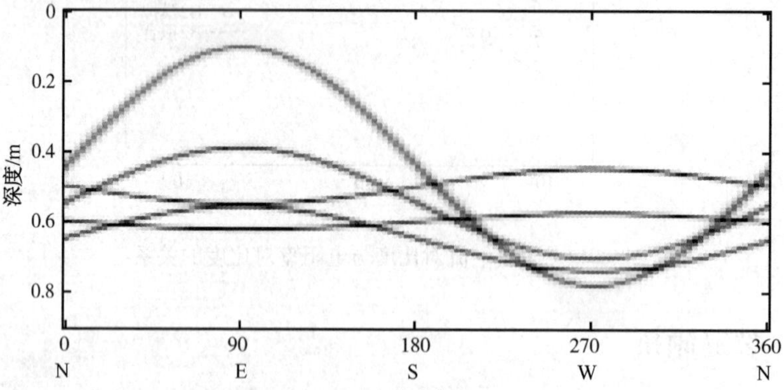

(a)纽扣电极B1

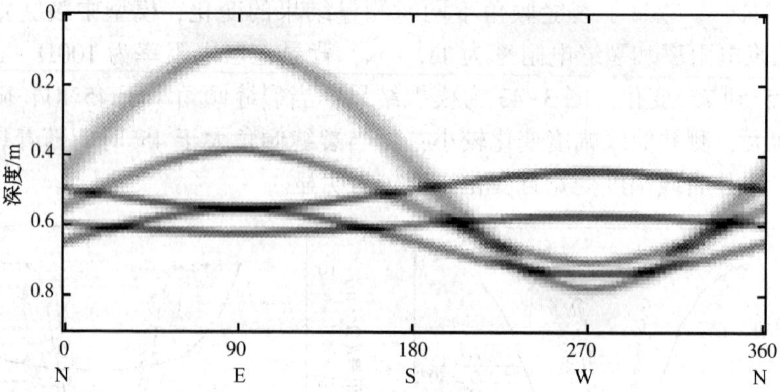

(b)纽扣电极B2

图 3-44　不同裂缝倾角成像结果

第 5 节　洞穴地层测井响应

洞穴不但可以作为储集空间，而且是油气连接通道的一种。解释人员利用电阻率成像测井图像，可以较快地发现洞穴的存在。关于洞穴地层的测井响应的研究，前人做了大量模拟工作，大多数都聚焦在双侧向测井仪器和电磁波传播测井仪器上，对随钻电阻率成像测井仪器在洞穴地层的测井响应机理研究报道较少，因此很有必要利用数值模拟手段研究其机理。双侧向测井对直径大于 1m 以上的洞穴具有较好的识别和评价效果，而成像测井对小于这一尺寸的洞穴可以显示出洞穴图像。因此本书主要聚焦在直径 1m 以下的洞穴上。

洞穴地层一般不对称，因此需要借助三维模型进行模拟。为模拟单洞穴测量信号和多洞穴测井响应，分别设计了单洞穴和多洞穴两种地层模型，单洞穴模型用于模拟测量点与洞穴中心处于同一深度时的测量信号。图 3-45 所示为单洞穴地层模型截面示意图，模型由随钻电阻率成像测井仪器、井眼、基岩和洞穴组成。为了研究不同纽扣电极直径对洞穴测井响应的差异，在单洞穴模型中，分别将 1 号和 2 号纽扣电极正对洞穴进行模拟。洞穴形状采用柱状、井眼穿过型洞穴。

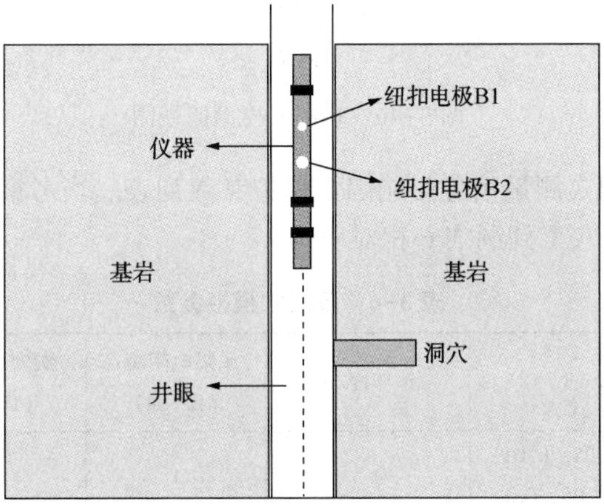

图 3-45　单洞穴模型示意图

在单洞穴模型中，主要分析洞穴直径、洞穴电阻率、洞穴延伸度(长度)对测量信号的影响。根据地质上洞穴尺寸的分类方法，将洞穴分为中等洞穴(直径为 10mm)和大洞穴(直径为 50mm)两种尺寸。表 3-5 为单洞穴测量信号影响因素模拟参数，洞穴位于正北方位。

表 3-5　单洞穴模拟参数

影响因素	直径/m	延伸度/m	泥浆电阻率/(Ω·m)	洞穴电阻率/(Ω·m)	地层电阻率/(Ω·m)
直径	0.002~0.1	0.5	1	1	100
电阻率	0.01~0.05	0.5	0.1~20	0.1~20	100
延伸度	0.01~0.05	0.02~0.5	1	1	100

对于多洞穴模型，如图 3-46 俯视图所示，6 个洞穴分布在正北、东北、正东、东南、正南、正西方位，每个洞穴中心在纵向上处于同一深度。考察了洞穴

直径、洞穴电阻率、洞穴延伸度不同时洞穴图像的差异。

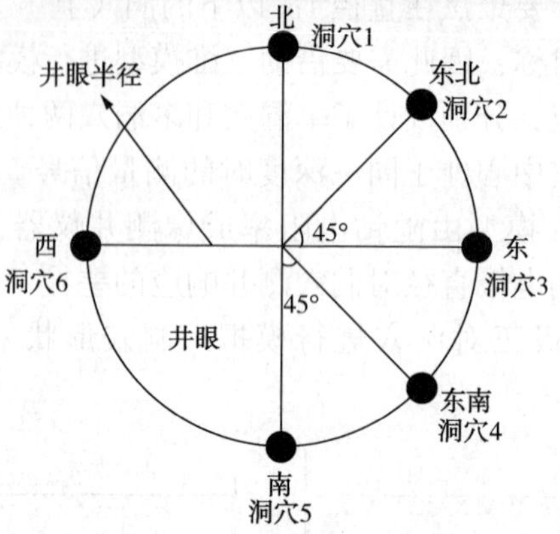

图 3-46　多洞穴模型俯视图

表 3-6 为多洞穴测量信号影响因素模拟参数列表。当考察因素的参数有多个时，参数依次与洞穴 1 到洞穴 6 相对应。

表 3-6　多洞穴模拟参数

影响因素	直径/m	延伸度/m	泥浆电阻率/(Ω·m)	洞穴电阻率/(Ω·m)	地层电阻率/(Ω·m)
直径	0.002，0.005，0.01，0.0254，0.05，0.1	0.5	1	1	100
电阻率	0.05	0.5	0	1000，500，200，100，10，1	100
延伸度	0.05	0.02，0.05，0.1，0.15，0.2，0.25	1	1	100

一、洞穴直径

本书模拟的洞穴形状为圆柱体，其与井轴正交且被井眼钻穿。洞穴的直径小于井眼直径，因此二者在井壁上形成的交线不规则，在机械行业称之为二者的相贯线。当二者直径相差较大时，相贯线类似于圆，如图 3-47 所示。

在地质上，将直径在 2mm 以上的孔隙称为洞穴，其中：直径为 2~5mm 的为小洞，直径为 5~10mm 的为中洞，直径大于 10mm 的为大洞。本书中研究的洞穴直径为 10~100mm，洞穴与井眼正交的相贯线接近圆，方便图像分析。洞穴直径不同对测量信号的影响不同。图 3-48 中与 I_{max} 为纽扣电极中心和洞穴中心在同一纵向位置时纽扣电极测量电流信号。I_{min} 为纽扣电极正对基岩时测量电流信号，当背景地层电阻率不变时，I_{min}几乎不变。由于电阻率成像测井数据成像后反映的是电流对比度的变化，因此采用I_{max}/I_{min}来刻度不同因素变化对测量信号的影响。

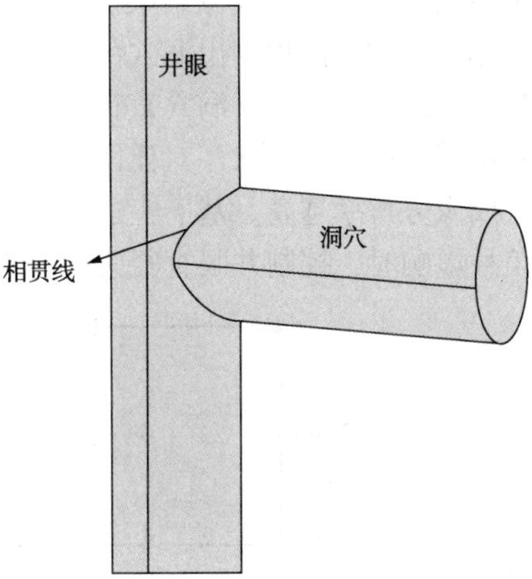

图 3-47　洞穴与井眼相贯线示意图

首先考察了井眼存在的情况，从图 3-48(a) 中可以看出，当存在井眼时，正对洞穴的纽扣电极测量信号影响较大。当洞穴直径小于 0.01m 时(区域 A)，测量信号较大，随着直径的增大，测量信号逐渐变小，此时，测量信号几乎来自井眼，受井眼的影响，该方位纽扣电极无法较好地识别洞穴；当洞穴直径大于 0.01m 时(区域 B)，随着洞穴半径的增大，测量信号增大至趋于平稳。图 3-48(b) 是不考虑井眼时测量信号与洞穴直径的关系，可以看出，随着洞穴直径从 0.002m 变化到 0.1m，正对洞穴的纽扣电极测量信号逐渐增大，呈线性关系，而其他方位纽扣电极信号对洞穴不敏感，几乎无法检测到洞穴的存在。因此，有效消除井眼的影响成为准确识别洞穴的关键所在，目前常用的方法是将纽扣电极紧贴井壁进行测量。

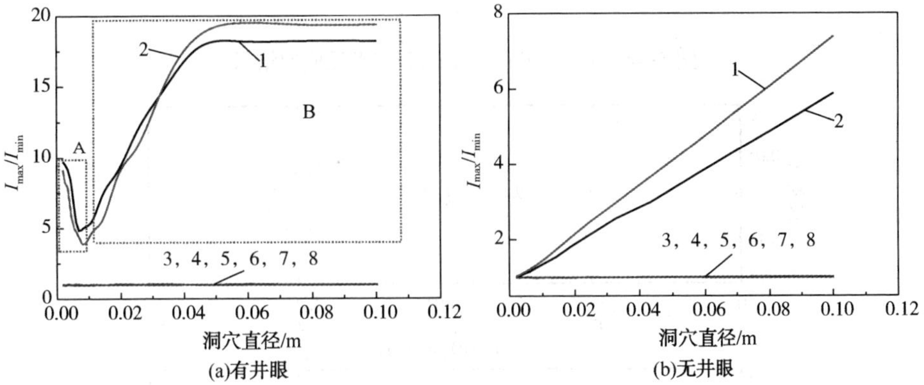

图 3-48　洞穴直径对测量信号的影响

1—1 号电极；2—2 号电极；3—3 号电极；4—4 号电极；5—5 号电极；6—6 号电极；7—7 号电极；8—8 号电极

为了用图像直观地说明井眼的影响，设置模型参数为：固定仪器钻铤直径为 6.75in，井眼直径为 7in 和 8.5in 两种，即纽扣几乎贴在井壁和纽扣距离井壁较远的情况，洞穴尺寸见表 3-6。图 3-49 和图 3-50 分别是 8.5in 和 7in 井眼环境下不同直径洞穴的成像结果。可以直观地看出，当洞穴直径小于0.01m时，大小纽扣电极均无法识别出洞穴的存在；当洞穴直径大于等于0.01m时，大小纽扣电极均可以识别洞穴。洞穴直径越大，成像效果越明显，越能够清楚地、完整地显示出洞穴的实际形状。对比图3-49和图3-50可看出，当纽扣越靠近井壁时，洞穴成像分辨率越高。基于上述结论，在考察洞穴延伸度和洞穴电阻率参数对测量信号影响时，控制井眼直径为7in。

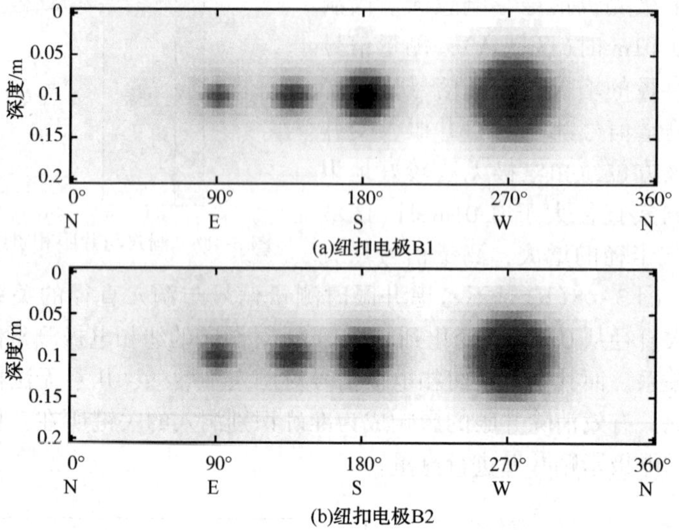

图3-49　8.5in井眼中不同洞穴直径成像结果

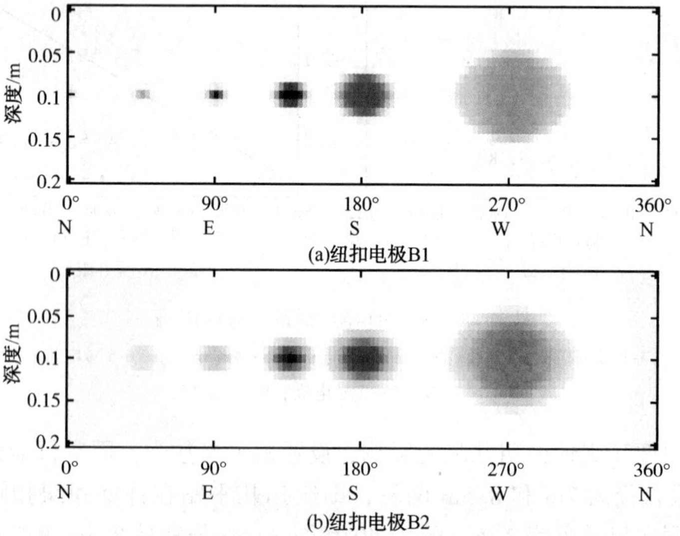

图3-50　7in井眼中不同洞穴直径成像结果

二、洞穴电阻率

Tan 等模拟了不同的填充物对双侧向测井的响应规律，模拟中填充物电阻率变化范围为 1Ω · m 到 500Ω · m，本书选取的填充物为泥浆，与实际随钻测井情形相符。其电阻率 R_m 从 0.2Ω · m 到 20Ω · m 变化，背景地层电阻率 R_b 固定为 100Ω · m。图 3-51 为单洞穴模型下正对洞穴方向纽扣电极测井响应。其中，图 3-51(a)和图 3-51(b)分别为中洞穴和大洞穴的响应特征。可以看出，在双对数坐标系下，随着 R_m/R_b 增大，大小纽扣电极在中洞穴和大洞穴中测量的电流对比度呈线性递减趋势(实际为幂指数关系)。

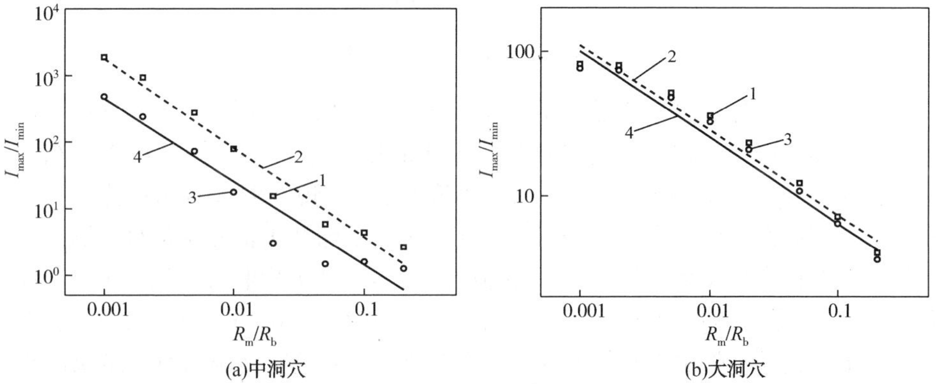

图 3-51　洞穴填充物电阻率对测量信号的影响

1—B1 模拟数据；2—B1 拟合数据；3—B2 模拟数据；4—B2 拟合数据

同理，模拟了不同洞穴填充物的成像结果，此时控制了洞穴的半径和延伸度为定值。如图 3-52 所示，当洞穴填充物电阻率高于基岩时，洞穴图像为亮色，接近白色；当洞穴填充物电阻率等于基岩时，洞穴图像和基岩颜色一致，此时无法判断出洞穴的存在；当洞穴填充物与基岩电阻率对比度为 10 : 1 时，可以从成像结果看出洞穴的存在，但是对比不明显；当洞穴填充物与基岩电阻率对比度为 100 : 1 时，此时可以清晰地识别出洞穴的存在。

三、洞穴延伸度

电缆式微电阻率成像测井可以直观地显示洞穴的分布特征，但其探测范围有限，仅能提供井壁的洞穴信息，很难反映洞穴的径向发育特征，双侧向测井探测深度较深，但是其对于直径小于 1m 的洞穴不敏感。和上述两种仪器相比，随钻电阻率成像测井探测深度较电缆式仪器探测深度更深且对直径较小的洞穴具有较好的识别功能。

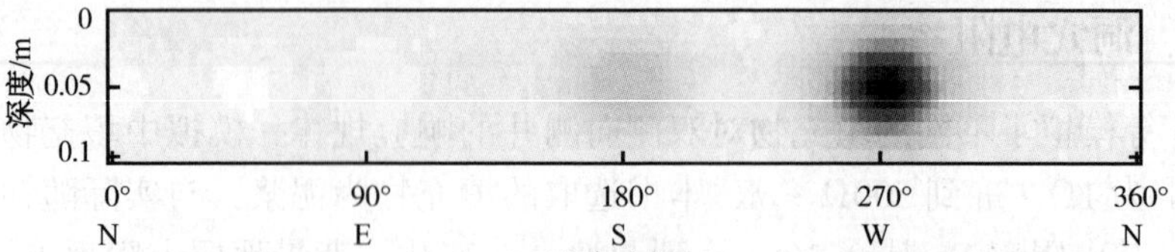

(a)纽扣电极B1

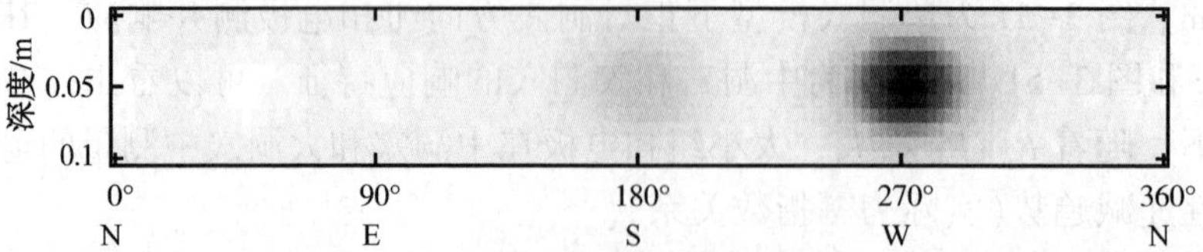

(b)纽扣电极B2

图 3-52　不同洞穴填充物成像结果

图 3-53(a)为中洞穴随延伸度(径向延伸长度)增大不同纽扣电极的测量信号的变化幅度。可以看出，随着延伸度从 0.1m 增加到 0.5m，B1 和 B2 正东、正南、正西信号几乎没有变化，I_{max}与I_{min}比值接近 1，说明洞穴对测量信号几乎没有影响。当洞穴延伸度小于 0.15m 时，正北方位的纽扣电极测量信号与洞穴延伸度具有非线性变化关系，且I_{max}/I_{min}比值远大于 1，考虑到洞穴直径较小，因此主要是井眼泥浆的影响导致这一关系；当洞穴延伸度大于 0.15m 时，大小纽扣电极测量的电流信号不随洞穴延伸度的变化而变化，说明此时井眼对测量结果的影响趋于稳定。图 3-53(b)为大洞穴延伸度与测量信号的关系。可以看出，随着洞穴延伸度的增大，洞穴正对的纽扣电极测量信号呈现出幂指数关系变化。

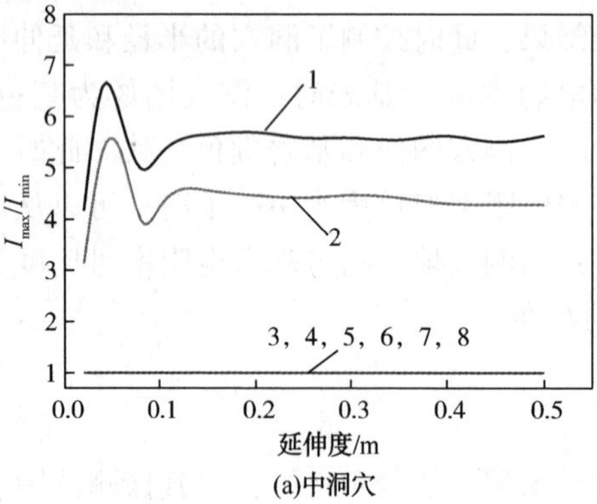

(a)中洞穴

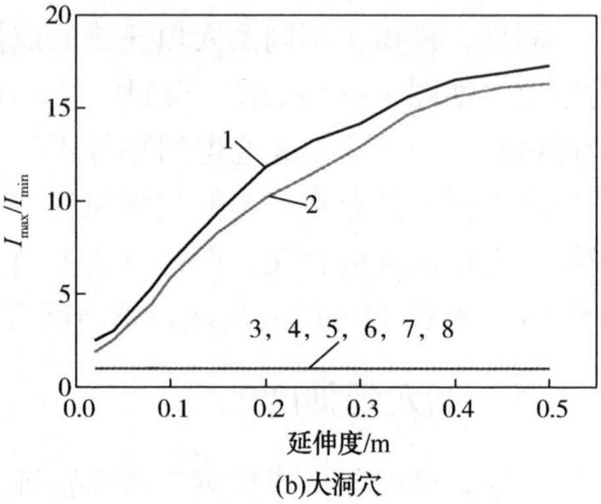

(b)大洞穴

图 3-53　洞穴延伸度对测量信号的影响

1—1 号电极；2—2 号电极；3—3 号电极；4—4 号电极；
5—5 号电极；6—6 号电极；7—7 号电极；8—8 号电极

图 3-54 所示为洞穴不同延伸度的成像结果。可以看出，当洞穴延伸度小于 20mm 时，很难通过图像来识别洞穴；当洞穴延伸度为 50~100mm 时，能够识别出洞穴的存在，但是图像无法还原出洞穴的形状；而当洞穴延伸度达到 150mm 时，可以通过图像大致判断出洞穴的形状。

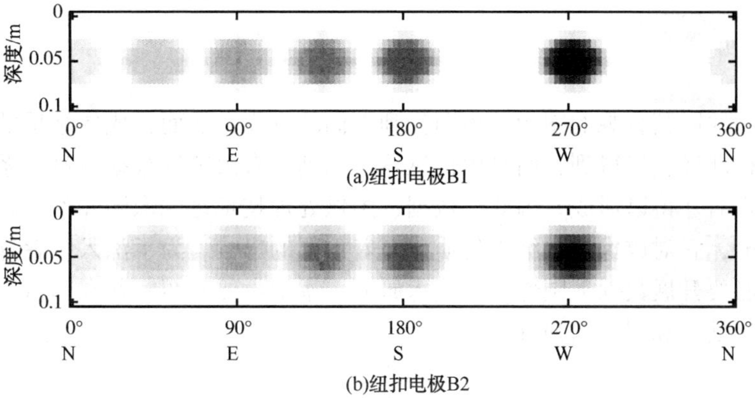

图 3-54 不同洞穴延伸度的成像结果

第 4 章　电阻率图像处理技术

成像测井以其直观的图像输出而受到人们的青睐，然而，成像结果的获取并不像照相机那样直接得到，而是由传感器检测到的有限离散数据经过一系列数据和图像处理后才得以形成。因此，数据、图像处理技术是成像测井不可缺少的重要组成部分，它对成像测井结果的质量有着重要的影响。为了深入了解这种影响关系，有必要开展数据、图像处理技术研究。本章主要介绍一些与图像有关的预处理、滤波处理和图像增强等技术。

第 1 节　图像预处理

一、坏电极剔除

电阻率成像测井仪在井下工作时，由于极板接触井壁不良或者电极临时工作不正常，某些电极所测的数据不能真实反映地层电导率的变化，在进行倾角计算之前必须将其剔除。坏电极数据通常表现为曲线过于光滑平缓，其方差小于某一门槛值，或者曲线幅度变化非常剧烈，抑或其方差大于某一门槛值，而且半径小于正常值。根据这一特性，分段计算电导率曲线的方差，然后合理设置方差阈值，通过判断其是否超出正常范围并结合半径数据是否小于正常值，就可识别出坏电极数据。坏电极数据剔除后，曲线上的数值用临近电极的平均值来取代。

二、几何校正

由于测量采用的是电极阵列，不同的电极具有不同的几何坐标(见图 4-1)，而且每次成像的数据至少包含 3 次采样的数据。这些数据的坐标有一部分是交叉的，因此，对这些纽扣电极必须根据它们的几何位置进行重新排列，与其坐标对应起来，以便为后面的图像重构做准备。图 4-2 为纽扣电极深度对齐前后的图像对比图。

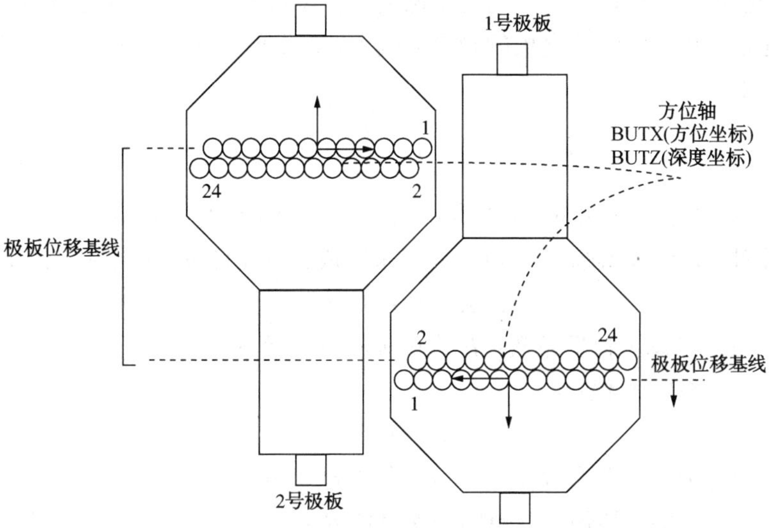

图 4-1　纽扣电极的几何位置

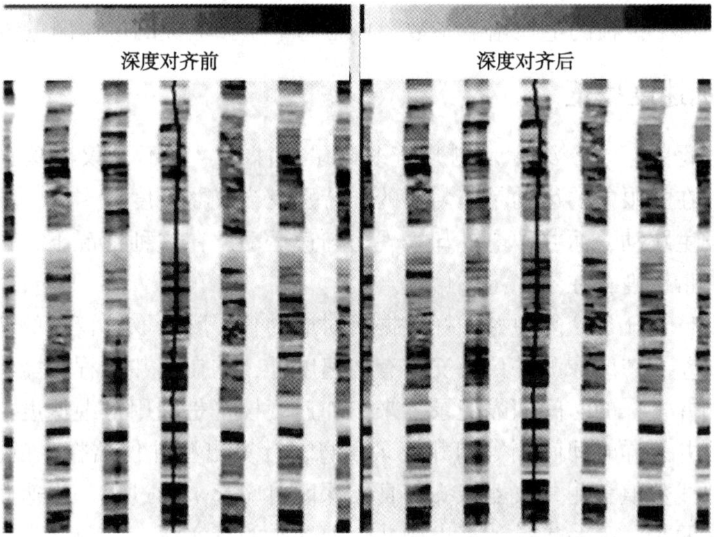

图 4-2　深度对齐前后图像对比

三、电压校正

为了确保仪器采样工作在线性范围内，仪器在不断地调整电极电压。当记录电流过大时，将调低发射电压；相反，当仪器电流过小时，将调高发射电压。因此，不进行电压校正，FMI 的记录数据不能准确地反映所测地层的电阻率。为了确保测量数据与地层电阻率之间的正比关系，需对发射电压的变化进行校正。校正方法比较简单，将每个电极的测量电流 I 除以发射电压 V 即可得到每个电极的视电导率 C_i：

$$C_i = \frac{I_i}{V_i} \tag{4-1}$$

式中，I_i 为每个电极的测量值；V_i 为该测量点的 EMEX 电压值。

但针对 STAR-Ⅱ则需要按以下几步来完成，首先计算一个纽扣电极的 K_b 值：

$$K_b = C \cdot D \cdot E^{P_g} \tag{4-2}$$

式中，C、D、E 均为仪器系数；P_g 为极板的电压增益值。

每一个极板的 K_g 值：

$$K_g = FG^{G_g - H} \tag{4-3}$$

式中，F、G、H 均为仪器系数；G_g 为极板的电压增益值。

根据所测量的电压值计算电阻率换算值 R_v：

$$R_v[i,\ j] = \frac{V_g[i]}{V_b[i,\ j]} \cdot \frac{K_b}{K_g} \tag{4-4}$$

式中，V_g 为每个极板的电压增益系数；V_b 为每个纽扣电极的电压测量值。

四、加速度校正

测井过程中记录的深度是测井电缆记录的深度，而不是仪器探头的真实深度。测井仪在井眼中的运动是非匀速的，特别是当仪器轻度遇卡时，井下仪器在井眼中会发生跳动，而井中电缆却表现为匀速运动。在这种情况下，记录的深度与真实的测量深度存在不稳定的偏差。

加速度校正就是恢复原始采样数据所对应的真深度，取消仪器的非匀速运动所产生的误差。在成像测井仪上安装有加速度计，它在测井过程中能将仪器探头加速度和测井采样的时间间隔记录下来。加速度校正是利用电缆深度、仪器探头加速度、测井采样时间间隔等测井记录信息，计算出测井仪器探头的真实深度，并将测井曲线数值和测井仪器探头的真实深度对应起来的过程。加速度校正的实现过程分为两步：第一步是计算出测井仪器探头的真实深度；第二步是利用探头深度与电缆深度的差异，对测井曲线进行拉伸或压缩校正。

首先分析加速度曲线的变化情况，仪器遇卡的运动过程可以分为 3 个阶段：

（1）遇卡。遇卡前测井仪器以正常速度做匀速运动，当仪器突然遇卡时，由于受到较大的阻力，加速度出现较大的负值，仪器速度由正常值骤减为零。

（2）卡停。在仪器被卡住时段，仪器静止不动，加速度值为零，但是由于地面设备的拉力作用，电缆伸长量在增大，电缆张力也随之增大。

(3) 解卡。当电缆张力增加到足够大时，仪器开始解卡。

解卡这一过程比较复杂，当电阻率成像测井仪刚开始解卡时，由于电缆伸长量已经远远超过正常值，所以这时候加速度出现较大的正值，仪器开始做加速运动，电缆伸长量逐渐变小，电缆张力随之减小；当电缆伸长量恢复到正常值时，电缆张力恢复正常，但是仪器速度已超过正常速度，所以仪器受到的井壁与泥浆阻力大于正常阻力(等于正常电缆拉力)，加速度又开始出现负值，测井仪器又开始做减速运动，当减到一定程度仪器又开始做加速运动，接着重复解卡时的运动过程。仪器反复重复这个运动状态，幅度越来越小，最后测井仪器的运动状态回归正常。

图 4-3 为一典型遇卡井段的加速度和电缆张力曲线。可以看出，电缆张力与加速度曲线的形态特征与仪器遇卡时的运动规律完全吻合。

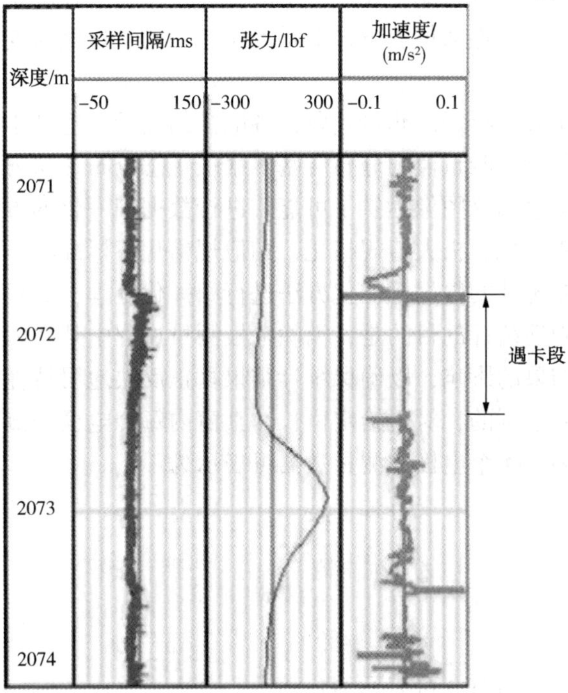

图 4-3　仪器遇卡时的曲线特征(1lbf=4.45N)

当仪器遇卡时，仪器静止不动，极板电极一直对同一深度点进行响应，所测电导率值基本保持不变，电导率曲线近似为一直线。加速度的校正方法是，通过探头加速度对时间的二次积分计算出探头沿井轴方向的位移。如图 4-4 所示，设 Z 为仪器沿井轴方向的位移，G_z 为探测器沿井轴方向的加速度分量，g 为重力加速度，θ 为井斜角，t、u 为测量时间，则仪器沿井轴方向的位移 Z 可以表示为：

$$Z = \int_{T_0}^{t}\int_{T_0}^{u}\left[\left(G_z - g\cos\theta\right) + \varepsilon\right]\mathrm{d}t\mathrm{d}u \quad (4-5)$$

根据上式可以求出真深度位移，从而对深度进行校正。

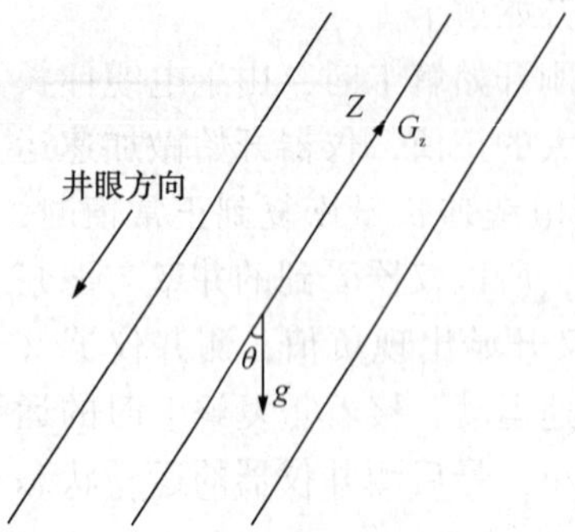

图 4-4　加速度校正原理图

五、规范化处理

在测量过程中，各个极板与井壁的接触程度不可能完全相同，有的可能接触较好，有的可能接触较差。对于同一极板上的电极，其电极系数也不完全相同，与井壁的接触程度也不完全相同。由于上述因素的影响，每个电极对同一数值电阻率的地层的测井响应可能存在着一定的差异，从而导致图像上各电极之间无相同的背景色，这一缺点从仪器设计上是无法避免的，这就需要在数据处理中加以克服。

事实上，对于某一特定的测量井段，各电极的测量值应基本相同，即应有一定的数学期望。另外，测量值的分布应基本服从正态分布。这就给人们用数学方法改善井眼微电阻率扫描图像提供了可能。进行数据归一化的方法有很多，如数据标准化、数据正规化、极大值规格化、均值规格化、标准归一化、中心化等。

一般采用限制统计的数据标准化方法进行归一化处理，处理过程中采用了窗口技术。采用限制性统计的目的是，消除电极测量过程中某些因素引起的异常高阻和低阻对统计结果的影响，以确保统计结果真正反映地层特性。程序是采用数据的个数百分比来限制的，对于给定窗长，其窗内每个电极的测量点数相同，若计为 n 点，则窗内 144 个电极的测量数据可表示为：

$$\begin{bmatrix} C_{1,1} & C_{1,2} & \cdots & C_{1,144} \\ C_{2,1} & C_{2,2} & \cdots & C_{2,144} \\ \cdots & \cdots & \cdots & \cdots \\ C_{n,1} & C_{n,2} & \cdots & C_{n,144} \end{bmatrix} \quad (4-6)$$

则其总体算术平均值 A 可表示为：

$$A = \frac{1}{n \times 144 - p}\sum_{j=1}^{144}\sum_{i=1}^{n} C_{i,j} \quad (4-7)$$

其中，低截止值≤C_{ij}≤高截止值，其中 p 为高于低截止值且低于高截止值的采样数据的个数。各电极的测量值可做如下转换：

$$\sigma_j = \sqrt{\frac{1}{n}\sum_{i=1}^{n}\left(C_{i,j} - C_j\right)^2} \quad (4-8)$$

$$C'_{i,j}=A(\frac{C_{i,j}-\overline{C_j}}{\sigma_j}+1)=\frac{A(C_{i,j}-\overline{C_j})+A}{\sigma_j} \tag{4-9}$$

经过上述变换，窗口内各电极的测量平均值为 A，各电极之间所测数据的平均值、均方差均相等。经过上述变换可大幅度地改善各极板之间微电阻率扫描图像分辨率，并可确保各极板的背景值一致，提高视觉效果。图 4-5 是规范化前后的对比图。

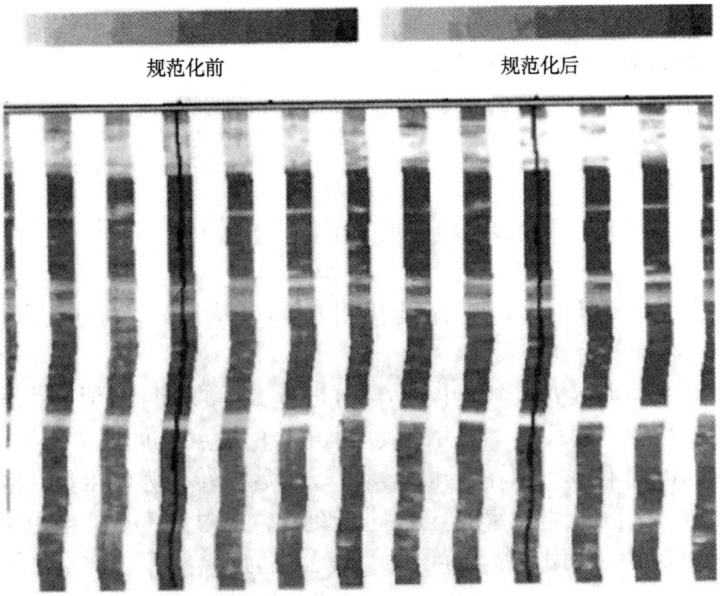

图 4-5　数据规范化前后的图像

六、方位校正

由于井下仪器在测量过程中的旋转而使仪器在不同深度位置同一极板所测得的不是同一方位上的井壁，从而导致图像上的变形，因而必须进行方位校正，它是针对这种变形而设计的校正处理。

微电阻率扫描仪器由于设计的限制，无法对每个电极的电极系数进行刻度。因而，每个电极的测量值不是准确的电阻率曲线。虽然经过发射电压校正以后，它已有电阻率曲线的特征，但它仍不是视电阻率曲线。为了定量评价使用，必须将纽扣电极测得的电流转换为电阻率，其方法如下。

在某一测量井段，假设其中一个测量点所测环形剖面电导率值的平均电流为 I_{aj}，则这一数值可表示为：

$$I_{aj} = \frac{1}{144}\sum_{i=1}^{144} I_{i,\ j} \tag{4-10}$$

式中，$I_{i,j}$为第 j 个测量点第 i 个电极的测量电流值；I_{aj}为第 j 个测量点环形剖面平均电流值。

从浅侧向测量数值可以得到能够准确反映该点电导率数值的电流值，称之为理论电流 I_j：

$$I_j = KKC_j \tag{4-11}$$

式中，I_j为第 j 个测量点的电流理论值；KK 为微侧向测井仪的电极系数；G_j为第 j 个测量点微侧向测井仪的电导率响应值。

用数理统计的方式，可得到全井段 I_{aj}和 I_j之间的统计关系，这种统计关系可表示为：

$$I_j = a + bI_{aj} \tag{4-12}$$

由此统计关系式，可得到各电极的刻度值：

$$II_{i,j} = a + bI_{i,j} \tag{4-13}$$

式中，II_{ij}为第 j 个测量点第 i 个测量电极刻度值；I_{ij}为第 j 个测量点第 i 个测量电极的测量值；a 和 b 为刻度系数。

首先计算平均电流 I_a和理论电流 I，再进行二者的深度匹配，然后用分段线性拟合的方法建立刻度系数，最后完成每个电极的逐点刻度。

对于 STAR-Ⅱ仪器，则在电压(增益)校正后已转换为电阻值，故电阻率标定时只需对 R_v应用泥浆电阻率 R_m对其进行刻度，经过刻度后的电阻率为地层视电阻率。视电阻率一般用对数表示，其计算公式为：

$$R_p[i,\ j] = \frac{\lg R_v[i,\ j] - \lg R_m(A-1) - B}{A} \times 1000 \tag{4-14}$$

式中，i 为仪器的极板编号；j 为极板上的纽扣电极编号；A、B 为常数；R_m为泥浆电阻率。

第 2 节　图像生成

一、电阻率到灰度的转换

由井壁电阻率成像测井得到的是井壁电阻率阵列，要想用图像的形式显示出来，必须将电阻率值转化为图像的灰度或颜色值。电阻率转换为灰度的算法一般有两种。

1. 线性变换法

假设电阻率范围为[R_{min}，R_{max}]，图像灰度范围为[C_{min}，C_{max}]，则线性变换

公式如下：

$$\text{Color}=\frac{C_{\max}-C_{\min}}{R_{\max}-R_{\min}}(R-R_{\min})+C_{\min} \tag{4-15}$$

2. 对数变换法

假设电阻率范围为$[R_{\min}, R_{\max}]$，图像灰度范围为$[C_{\min}, C_{\max}]$，则对数变换公式如下：

$$\text{Color}=\frac{C_{\max}-C_{\min}}{\lg(R_{\max})-\lg(R_{\min})}(\lg R-\lg R_{\min})+C_{\min} \tag{4-16}$$

二、图像滤波处理

图像在采集、生成和传输过程中常受到各种噪声源的干扰和影响而使图像质量变差。为抑制噪声，改善图像质量，必须对图像进行平滑处理，这可在空间域或变换域中进行。在平滑噪声时，应尽量不损害图像中的边沿和各种细节。

1. 邻域平均法

大部分噪声，如由敏感元件、传输通道、整量化器引起的噪声，是随机性的。它们对某一像素点的影响，都可以看作是孤立的，因此，和邻近各点相比，该点灰度值将有显著的不同。基于这一分析，可以用所谓邻域平均的方法，判断每一点是否含有噪声，并用适当的方法消除所发现的噪声。

1）3×3 平均值滤波

对于灰度图像f，设$f(i, j)$表示点(i, j)的实际灰度，O_i表示其邻接各点的灰度，邻域平均方法可用下式表示：

$$\begin{cases}\text{当} f(i, j)-\dfrac{1}{8}\sum\limits_{i=1}^{8}O_i>\varepsilon \text{时，} f(i, j)=\dfrac{1}{8}\sum\limits_{i=1}^{8}O_i \\ \text{当} f(i, j)-\dfrac{1}{8}\sum\limits_{i=1}^{8}O_i\leqslant\varepsilon \text{时，} f(i, j)\ \text{不变}\end{cases} \tag{4-17}$$

式中，ε为门限，它可以用实验的方法选为总灰度级的一个百分数。

在实际处理中，由于所加的最大随机噪声是各像素点灰度值的 1/3，ε取为总灰度级的 1/4。实验发现，这种处理是行之有效的。

2）$n\times n$ 平均值滤波

$n\times n$ 平均值滤波方法是把以像素$f(i, j)$为中心的$n\times n$模板（n=3、5、7、9）内的灰度平均值a无条件地赋给$f(i, j)$。用数学公式可表示为：

$$f(i, j)=\frac{1}{n^2}\sum_{k=i-\frac{n}{2}}^{i+\frac{n}{2}}\sum_{l=j-\frac{n}{2}}^{j+\frac{n}{2}}f(k, l) \tag{4-18}$$

这种算法优点是处理简单，计算速度快；但它的主要缺点是，在降低噪声的同时使图像产生模糊，特别在边沿和细节处。邻域越大(n 越大)，模糊程度越厉害，使边缘信息损失越大。

3）选择局域平滑滤波

选择局域平滑滤波又称自适应平滑滤波，其实质上也是一种邻域平均平滑法。它采用9种不同形状的模板，分别计算各模板内的灰度方差，然后把方差最小的模板内像素的灰度平均值作为中心像素的值。这种方法的特点是可以使边缘信息损失减少，减轻输出图像的模糊效应，但缺点是计算速度相对较慢。

2. 中值滤波

中值滤波是一种非线性滤波方法，它在过滤噪声的同时，还能很好地保护边缘轮廓信息，这也是其优于邻域平均法的地方。中值滤波的原理非常简单，用一个窗口 W 在图像上扫描，把窗口内包含的图像像素按灰度级升序(或降序)排列起来，取灰度值居中的像素灰度为窗口中心像素的灰度，便完成了中值滤波。用公式表示即：

$$g(m, n)=\text{Median}[f(m-k, n-l), (k, l)\in W] \tag{4-19}$$

通常窗内像素数为奇数，以便有个中心像素。中值滤波对于消除孤立点和线段的干扰十分有用。

1）$n\times n$ 中值滤波

对灰度图像 f，计算以像素 $f(i, j)$ 为中心的 $n\times n$ 模板($n=3$、5、7、9)内的灰度中值 a，无条件地把 a 赋给 $f(i, j)$，即 $a\rightarrow f(i, j)$。这种方法的邻域(n 值)也不能取得过大。n 越大，模糊效应越显著。

2）十字形中值滤波

对于灰度图像 f，计算以像素 $f(i, j)$ 为中心的十字形模板内的灰度中值 a，$f(i, j)\leftarrow a$。十字形中值滤波处理速度较快，且效果也比较好。

3. $n\times n$ 最频值滤波

对于灰度图像 f，计算以像素 $f(i, j)$ 为中心的 $n\times n$ 模板内的灰度值的 mode (最频值) a，$f(i, j)\leftarrow a$。其中模板尺寸 n 可取为 3、5、7、9。

为了考察不同滤波方法的效果，运用这几种算法对加上随机噪声后的图像进行滤波处理，结果如图4-6所示。由处理结果来看，平均值滤波和 $n\times n$ 中值滤波平滑效果较好。

三、图像增强处理

增强技术的主要目的是处理一幅给定的图像，通过处理，以突出对某种特定应用有用的信息，抑制一些无用的信息，提高图像的使用价值。所以，增强处理

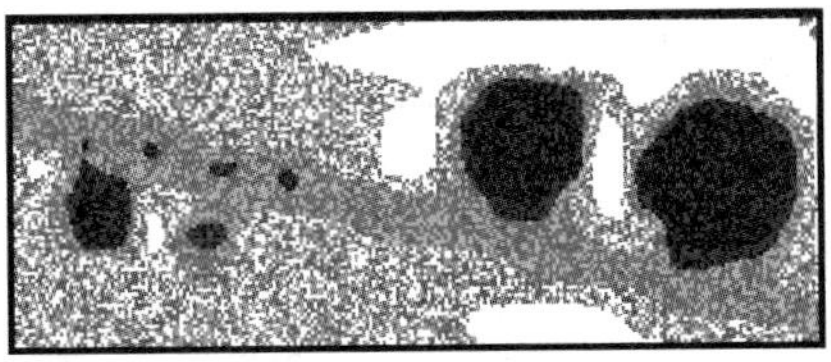

(a)加噪图像

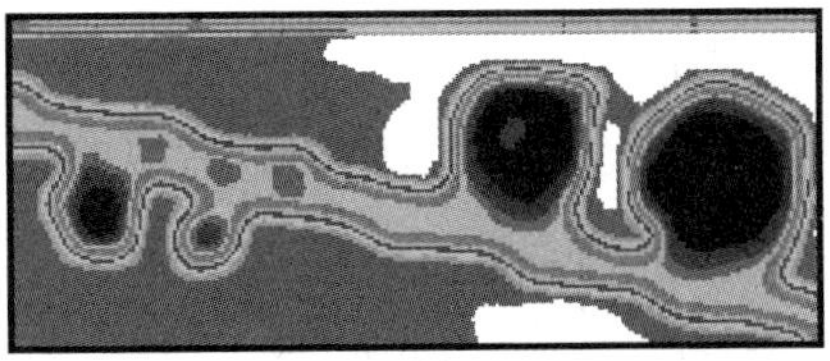

(b)平均值滤波

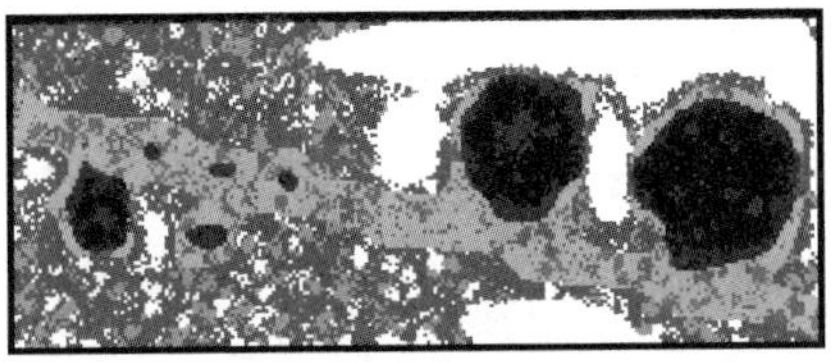

(c)选择局域平滑滤波

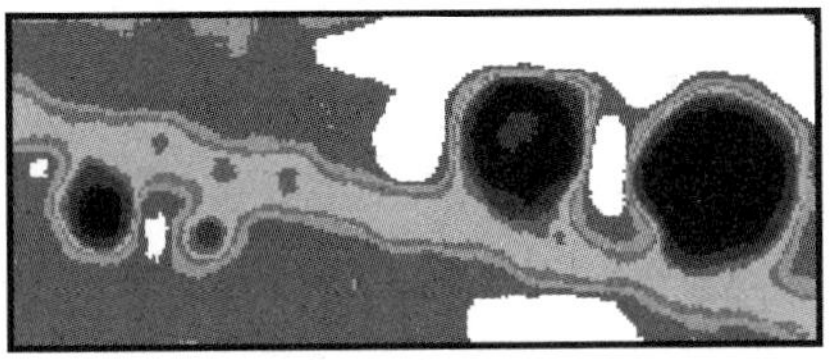

(d)$n \times n$中值滤波

(e)十字形中值滤波

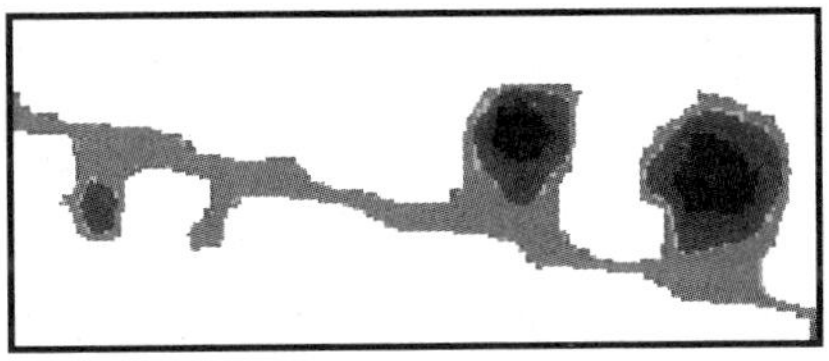

(f)最频值滤波

图 4-6　不同滤波算法处理结果

后的图像并不要求对原有图像的保真。

图像增强技术可以分为两大类，即空域技术和频域技术。前者基于图像空间域的信息，即图像本身的信息，此类方法是直接处理图像中的像素点。后者基于图像的傅立叶变换，增强其频率分量，然后做傅立叶逆变换以获得增强后的图像。

1. 灰度级映射变换增强原理

灰度级映射变换是空域增强的技术基础，映射变换的类型取决于所需增强特性准则的选择。增强图像的对比度就是这种方法的一个例子。

设 r 和 s 分别表示原始图像和增强图像中的灰度级，并假定在增强图像中，每个像素具有 $s=T(r)$ 级灰度。$T(r)$ 是映射函数。例如，如果 $T(r)$ 有如图 4-7 左图所示的形状，这个变换可以把原始图像中灰度级比 m 值低的像素点变暗，把比 m 值高的像素点变亮，其最终效果是产生一幅比原始图像的对比度更强的图像。这种技术叫作对比度扩展。它用变换函数把比 m 低的灰度级 r 压缩到 s 轴暗端的一个狭窄的范围内，把比 m 高的 r 值，经变换产生相反的效应。在极限的情况下，如图 4-7 右图所示，$T(r)$ 产生两个灰度级（也就是二值）的图像。

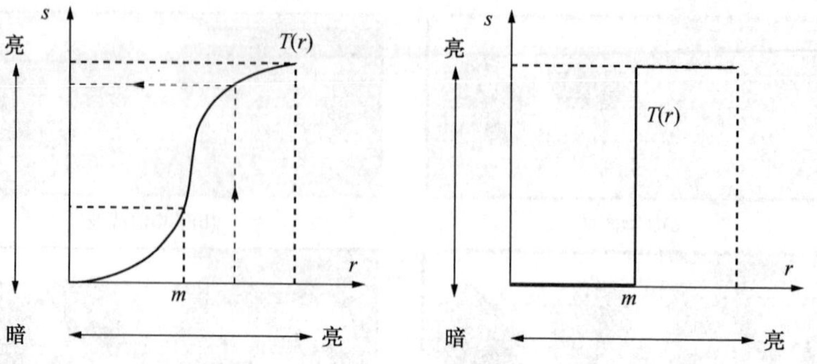

图 4-7　灰度映射变换

必须指出的是，图像增强没有通用的理论。当处理一幅能看清楚的图像时，观众最有权评判哪种处理方法较好。图像质量的视觉评定是一种高度的主观处理，因此不容易定义出“好图像”的标准用以比较增强算法的优劣。

当处理用机器识别的图像时，则比较容易评价。例如，在与字符识别有关的应用中，最好的图像处理方法能产生最好的机器识别的结果。然而，值得注意的是，即使在性能标准非常明确的情况下，能够确定一种特定的图像处理方法之前，也常常要做相当多的实验，并对算法进行必要的修改。

2. 图像的频域增强原理

图像的频域增强是对原始图像的傅立叶频谱的增强，也就是对一幅数字图像(注意：这里所指的数字图像已经是一幅傅立叶频谱图像)进行增强处理。从数学意义上讲，这种增强处理实际上要进行的是离散卷积，就是实施如下的双重求和运算：

$$G(i,\ j) = \sum_{i} \sum_{j} h(m,\ n) F(i-m,\ j-n) = \sum_{i} \sum_{j} F(m,\ n) h(i-m,\ j-n) \tag{4-20}$$

式中，$h(i-m,\ j-n)$是卷积核；$F(m,\ n)$是傅立叶频谱图像；$G(i,\ j)$是频谱增强图像。

写成矩阵形式为：

$$\boldsymbol{G}=\boldsymbol{H} * * \boldsymbol{F} \tag{4-21}$$

卷积$\boldsymbol{H} * * \boldsymbol{F}$(双重求和运算)只需在非零部分重叠的区域上进行。然后，对卷积结果$\boldsymbol{G}$再做如下傅立叶逆变换，即得到频域增强后的还原图像：

$$g(x,\ y)=\mathfrak{I}^{-1}[G(i,\ j)] \tag{4-22}$$

在典型的图像增强问题中，$f(x,\ y)$是给定的。经过傅里叶变换$F(u,\ v)$之后，要选择一个与之卷积的、能使原图像保持并增强某些特性的函数$h(u,\ v)$，使得用给出所需的图像 $g(x, y)$ 具有原图像 $f(x, y)$ 的某些鲜明的特性。这些被增值后的鲜明特性是由表征图像的这些特性的函数 $h(x, y)$ 作用[与 $F(u, v)$ 的卷积]的结果。例如，利用函数 $h(x, y)$ 的频谱 $h(u, v)$ 提升 $f(x, y)$ 谱 $F(u, v)$ 的高频分量，二者卷积的结果使得原图像 $f(x, y)$ 的边缘得到增强。

灰度级的直方图给出了一幅图像概貌总的描述。本节讨论的方法是，按照特定的方式用修改给定图像的直方图的办法使某些部分的灰度得到增强。所得到增强的形式和程度取决于特定的直方图的性质。

3. 直方图的映射变换

简单地说，灰度级的直方图就是反映一幅图像中的灰度级与出现这种灰度的概率之间关系的图形。设变量 r 代表原图像中像素的灰度级。为了简便起见，在下面的讨论中假定像素的灰度值已经归一化，所以它们都在[0, 1]范围之内，即：

$$0 \leqslant r \leqslant 1 \tag{4-23}$$

在灰度级坐标中，$r=0$ 代表黑，$r=1$ 代表白。设定一个灰度级变换映射函数 $T(r)$，对[0, 1]区间内的任一 r 值，变换成 s：

$$s=T(r) \tag{4-24}$$

在原始图像中，每个像素灰度值 r 都对应产生一个 s 值。假定上式给定的变换函数满足下述条件：

(1) 在 $0 \leqslant r \leqslant 1$ 区间内 $T(r)$ 为单值单调增加；

(2) 对于 $0 \leqslant r \leqslant 1$，有 $0 \leqslant T(r) \leqslant 1$。

条件(1)使灰度级保持从黑到白的次序，而条件(2)保证映射变换后的像素灰度值在允许的范围内。图 4-8 中画出了满足这些条件的一个变换函数。

从 s 到 r 的反变换用下式表示：

$$r=T^{-1}(s) \quad 0 \leqslant s \leqslant 1 \tag{4-25}$$

这里同样假定 $T^{-1}(s)$ 对于变量 s 也满足条件(1)和条件(2)。

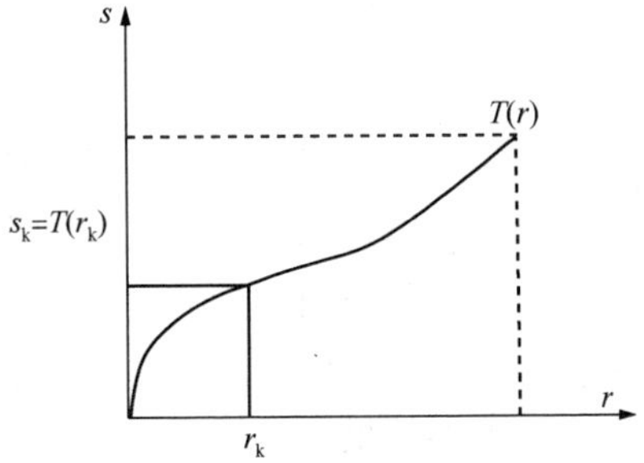

图 4-8　灰度变换映射函数

在一幅图像中，在[0, 1]区间内的灰度级是随机变量。假定每一个瞬间它们是连续变量，那么可以用它们的概率密度函数 $P_r(r)$ 和 $P_s(s)$ 分别表示两幅图像(原图像与增强图像)的一般特性。例如，具有图 4-9(a)所示的灰度密度函数的一幅图像，由于它的大多数灰度级集中在暗区域，所以它呈现出相当暗的特性。反之，另一幅图像具有图 4-9(b)所示的灰度密度函数，由于它的大部分像素具有明亮的灰度，所以它的亮色调占优势。

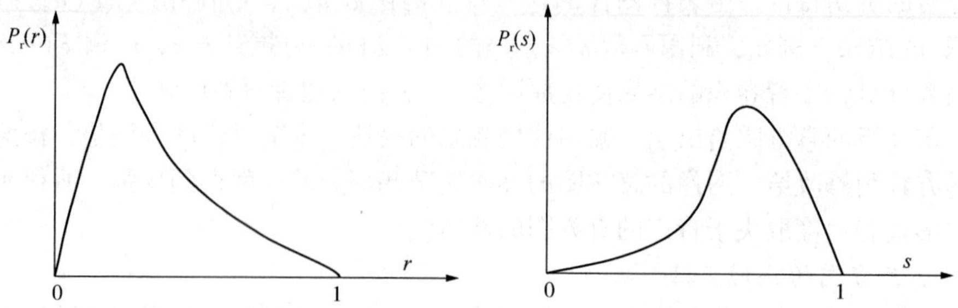

(a)暗图像　　(b)亮图像

图 4-9　图像的灰度概率密度函数曲线

从概率理论可知，如果 $p_r(r)$，$s=T(r)$ 是已知的单值单调增函数，$r=T^{-1}(s)$，则变换图像灰度级的概率密度函数可以由下式得到：

$$P_s(s)=\left[P_r(r)\frac{\mathrm{d}r}{\mathrm{d}s}\right]_{r=T^{-1}(s)} \tag{4-26}$$

通过变换函数 $T(r)$ 控制图像灰度级的概率密度函数，从而改善图像的外貌，这就是灰度增强技术的原理。

4. 直方图均衡化

假定变换函数为：

$$s=T(r)=\int_0^r p_r(w)\,\mathrm{d}w \quad 0 \leqslant r \leqslant 1 \tag{4-27}$$

这一变换函数满足前文所述的两个条件。由上式求 s 对 r 的导数得到 $\mathrm{d}s/\mathrm{d}r=p_r(r)$，将上式代入变换图像灰度级的概率密度函数得到：

$$P_s(s)=\left[p_r(r)\frac{1}{p_r(r)}\right]_{r=T^{-1}(s)}=1 \tag{4-28}$$

这说明在变换后 s 的定义域内 $P_s(s)$ 是均匀密度。应当注意，这个结果与反变换无关，因为通常不易获得 $T^{-1}(s)$ 的解析式。

前面推导指出，用 r 的累积分布函数作变换函数产生了一幅灰度级具有均匀密度的图像。在增强的意义上，意味着像素的动态范围的增加，对图像的外貌产生了显著的效果。

5. 直方图规定化

虽然前一小节讨论的方法很有用，但是由于只能产生一种结果——近似均匀的直方图，从而限制了这种方法的应用，不适于具有交互作用的图像增强。

有时希望能够规定交互作用的特定的直方图，以便能够增强图像中某些灰度级的范围。为了解决这个问题，重新研究连续灰度级的直方图。如果以 $p_r(r)$ 与

$p_z(z)$分别表示原来的和希望的概率密度函数，将灰度直方图从 $p_r(r)$变换到$p_z(z)$的直方图，称为直方图规定化处理。如何建立 $p_r(r)$和 $p_z(z)$之间的联系，是直方图规定化处理的关键。这里，沿用直方图均匀化方法。

设给定一幅已经过直方图均衡化处理的图像，即：

$$s = T(r) = \int_0^r p_r(w)\,\mathrm{d}w \tag{4-29}$$

经均匀化处理之后，概率密度函数就是 $p_s(s)$。

如果对希望得到的图像 $p_z(z)$也做均衡化处理：

$$u = G(z) = \int_0^z p_z(w)\,\mathrm{d}w \tag{4-30}$$

即经变换后，得到 $p_u(u)$。由于对这两幅图像(注意：这两幅图像只是灰度分布概率密度不同)同样做了均衡化处理，我们希望 $p_s(s)$和 $p_u(u)$具有同样的均匀密度。为此，只要对其进行逆过程即可。

对已经均匀化的希望图像做逆变换，即可得到原来所希望的灰度概率分布：

$$z=G^{-1}(u) \tag{4-31}$$

如果用从原始图像中得到的均匀灰度级 s 来代替逆过程中的 u，即实行替代变换：

$$z=G^{-1}(u)=G^{-1}(s) \tag{4-32}$$

其结果灰度级将是所要求的概率密度函数 $p_z(z)$的灰度级。

根据以上思路，可以总结出直接直方图规定化增强处理的步骤如下：

(1) 用直方图均衡化方法将原始图像做均衡化处理，得到均匀化灰度级 s；

(2) 规定希望的灰度概率密度函数 $p_z(z)$，并求得变换函数 $G(z)=u$；

(3) 用步骤(1)中所得到的灰度级 s，替代逆变换函数 $z=G^{-1}(u)$中的 u，并求逆变换，所得灰度级 z 便是所求。

以上三步得到了原始图像的另一种处理方法。在这种处理方法中，得到的新图像的灰度级具有预先规定的概率密度函数 $p_z(z)$。

直方图规定化方法中包括两个变换函数，即 $T(r)$和 $G^{-1}(s)$。这两个函数可以简单地组成一个函数关系，利用这个函数关系可以从原始图像产生希望的灰度分布，即将 $s = T(r) = \int_0^r p_r(w)\,\mathrm{d}w$ 代入 $z=G^{-1}(u)=G^{-1}(s)$，有：

$$z=G^{-1}[T(r)] \tag{4-33}$$

上式就是用 r 来表示 z 的公式。很显然，如果 $G^{-1}[T(r)]=T(r)$时，上式就简化为直方图均衡化方法了。这种方法在连续变量的情况下涉及求反变换函数的解析式问题，一般情况下较为困难。但是由于数字图像处理是处理离散变量，因此可用近似的方法绕过这个问题，从而较简单地克服这个困难。具体计算步骤如下：

（1）对原始图像进行直方图均衡化映射处理。

（2）计算变换函数：

$$u_k = G(z_k) = \sum_{j=0}^{k} p_z(z_j) \tag{4-34}$$

（3）将原始图像做均匀化处理，得到 $p_s(s_k)$。

（4）用直方图均衡化中的 s_k 进行 G 的反变换求出 z_k：

$$z_k = G^{-1}(s_k) \tag{4-35}$$

这一步实际上是近似过程，也就是找出 s_k 与 $G(z_k)$ 的最接近的值。

（5）用 $z=G^{-1}[T(r)]$ 找出与原始图像的全部灰度级映射关系。

（6）根据上述映射分配像素，并用总像素数目去除，得到最后的直方图。

由实例处理可知，结果直方图与希望的形状有所差异。与直方图均衡化的情况一样，这种误差是多次近似造成的。只有在连续分布的情况下求得连续的逆变换函数，才能得到精确的结果。在灰度级减少时，最后得到的直方图与事先规定的直方图之间的误差趋于增加。但是实际处理效果表明，尽管是一种近似的直方图，也可以得到较明显的增强效果。

实际上，从 s 到 z 的逆变换有时不是单值的。当在规定的直方图中没有填满的灰度级或在 $G^{-1}(s)$ 取最接近可能的灰度级过程中，就会产生这种情况。处理这种情况的方法一般是指定一个灰度级，使这个灰度级尽可能与给定的灰度级相接近。

利用直方图规定化方法进行图像增强的主要困难在于如何构成有意义的直方图。一般有两种方法：一种是给定一个规定的概率密度函数，如高斯函数、瑞利函数等；另一种方法是规定一个任意可控制的直方图，其形状可由一些直线段（分段的线性函数）所组成，得到希望的形状后，再将这个分段函数数字化。

四、井壁成像测井静态、动态图像生成

1. 静态图像

对于电阻率成像而言，经各种校正后的数据再经 LLS/SFL 电阻率标定转换为地层电阻率，然后直接转化为灰度显示即为静态图像。

2. 动态图像

对静态图像进行图像增强（采用滑动窗口增强算法），即可实现动态图像生成。

第5章　电阻率成像测井解释方法

经过图像预处理和图像生成等环节后，电阻率成像测井数据进入最终的地质参数解释环节。本章主要针对常见的裂缝和洞穴参数解释方法进行讨论，并给出了裂缝和洞穴部分几何参数的计算模型。按照电缆测井和随钻测井类别进行分别阐述。在电缆测井部分，主要分析了裂缝自动参数计算、裂缝自动拾取、裂缝交互参数计算和裂缝属性的评价；在随钻测井部分，主要分析了环境影响与校正、地层界面识别、裂缝参数评价和洞穴参数计算模型。

第1节　电缆电阻率成像测井解释方法

一、裂缝自动参数计算

裂缝自动参数主要指通过图像处理自动获取的与裂缝、孔洞发育情况有关的定量参数，它们的定义是单位井段图像面积上所包含的裂缝、孔洞面积，具体如下：HPOR(孔洞面孔率)、FPOR(裂缝面孔率)、FHPOR(裂缝)、孔洞面孔率。自动参数 FHPOR、FPOR 和 HPOR 是通过对 STAR_ DI 二值化和边缘增强后计算出来的面孔率参数，由自动计算得到。

1. 图像二值化处理

图像目标的提取技术就是图像分割，图像的分割是一种重要的图像技术，它在不同的领域有着不同的名称，如二值化、阈值化、目标检测和目标识别等。在本书中将图像的分割称为阈值化比较容易理解。当阈值化所涉及的目标为一个时，又称其为二值化，图像的二值化处理经常要用到图像的灰度统计直方图概念。因此，下面给出图像的二值化和灰度统计直方图的概念。

众所周知，图像的显示是用其各个像素上的灰度值来表现的，而图像处理就是对这些像素的灰度值进行各种运算处理。图像的灰度统计直方图如图 5-1 所示，其横坐标为灰度值，纵坐标为频度，即具有某一灰度值的像素在图像中出现的概率。这种直方图能给出图像的概貌性描述，如图像的灰度分布范围，每个灰度级的频数和灰度的分布，整幅图像的平均明暗及对比度等，由此可得出进一步处理的重要依据。直方图一般有单峰的、双峰的或多峰的。

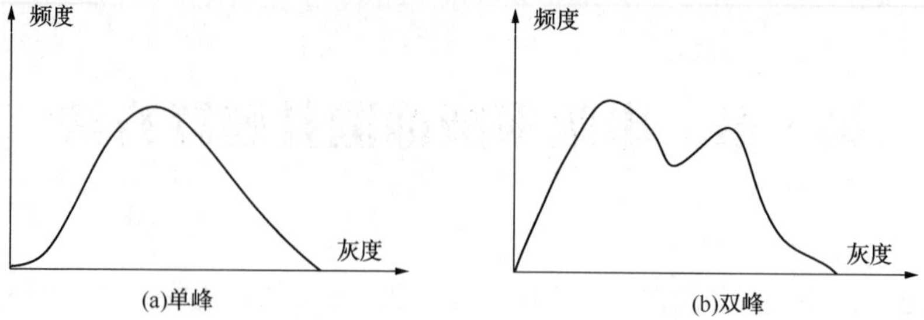

图 5-1 图像灰度统计直方图

二值图像是指只有黑白两个灰度级的图像。在实际过程中，有时需要将一幅多值图像转换成一幅二值图像。有许多理由需要我们做这种转换工作，例如为了突出图像特征，为了便于进行图像识别，等等。

图像的二值化变换处理的方法很简单。在原图像的灰度区间[L_{min}，L_{max}]设定一个阈值。设阈值为 L_t，并且 $L_{min}<L_t<L_{max}$，然后令图像中所有灰度值小于或等于 L_t 的像素的新灰度值为 0，所有灰度值大于 L_t 的像素的新灰度值都为 1，这样就完成了图像的二值化。

图像的阈值化处理是将图像中的目标与背景分开，将多值图像转化为二值图像。图像二值化的目的是，在尽可能多地保留原图像特征的前提下舍弃冗余信息。要实现这一目的关键在于正确地选择阈值 L_t。大多数的阈值选择法以图像的灰度概率密度函数(直方图)为依据。图像二值化算法较多，有固定阈值化、可变阈值化、Hanbet 法、*P* 参数法、微分直方图法、灰度差直方图法、最大熵法、基于过渡带阈值化、Ostu 和 Bersen 法、基于边缘信息的二值化法、直方图自动分析法等。

1）直方图统计法

直方图统计法是根据图像灰度概率密度函数 $P(g)$ 来选定阈值的方法。对于直方图是双峰的，取两个峰顶灰度值的平均值作为阈值，其有效性可用以下参数来判定：

$$K_T=\frac{P(g_T)}{\min[P(g_L),\ P(g_H)]} \tag{5-1}$$

式中，g_L、g_H 分别为左、右两个峰定位置所对应的灰度值；g_T 为两峰间的谷底对应的灰度值；$K_T=0\sim1$，K_T 越小越好。

2）判断分析法

判断分析法是从图像灰度值的直方图中把灰度值的集合用阈值 L_t 分成两类，然后根据两类的平均值方差(类间方差)和各类的方差(类内方差)的比为最大来

确定阈值 L_t。

设给定的图像在整个1，2，…，l 中具有 L 级的灰度值，设阈值为 K，把具有 K 以上灰度值的像素和具有比它小的像素分成两类，并规定为类1、类2。把类1的像素数设为 $W_1(K)$，平均灰度值为 $M_1(K)$，方差为$\sigma_1(K)$；把类2的像素数设为 $W_2(K)$，平均灰度值为 $M_2(K)$，方差为$\sigma_2(K)$，若全体像素的平均值定为 M_T，则类内方差由下式计算：

$$\sigma_W^2 = W_1\sigma_1^2 + W_2\sigma_2^2 \tag{5-2}$$

类间方差由下式计算：

$$\sigma_B^2 = W_1(M_1 - M_T)^2 + W_2(M_2 - M_T)^2 = W_1W_2(M_1 - M_2)^2 \tag{5-3}$$

这里，为了使 σ_B^2/σ_w^2 变为最大，最好使 σ_B^2 为最大，也就是最好令 K 变化，从而求出使 σ_B成为最大的 K 值，即阈值 L_t。

3）*P* 参数法

P 参数法阈值选取实际上仍然是人工指定的方法，只不过指定的不是直接的阈值，而是一个百分数。这个百分数表示要划分出来的目标子图像占整幅图像的面积比例，通常称为 *P* 参数。

设应划分出目标图形的面积大致等于 S_0，它与图像总面积 S 的比率为 $P = S_0/S$，则可像灰度值 t 以上的像素对全体像素的比率为 P 那样求出 t。这可以作出图像的直方图，从而求出灰度值 t。事先设比 t 低的部分（或者比 t 高的部分）的像素数之和对全体像素数的比为 $(1-P)$，或者为 $P(0 \leqslant P \leqslant 1)$。

P 参数法只适用于那些能对图形面积进行某种程度预测的场合。

4）微分直方图法

微分直方图二值化是设想图像中的目标和背景之间的边界灰度值急剧变化，利用灰度的变化率（微分值）来确定阈值。

具体的选择阈值步骤是：

（1）用3×3 Laplacian算子处理输入图像并统计其直方图。

其中Laplacian算子如下：

$$\begin{matrix} -1 & -1 & -1 \\ -1 & 8 & -1 \\ -1 & -1 & -1 \end{matrix}$$

（2）用 *P* 参数（这个百分数表示要划分出来的目标子图像占整幅图像的面积比）法选出阈值 L_t，通常 *P* 参数选为90%~100%。

5）灰度差直方图法

对灰度图像 f，使用Watanade提出的方法，以灰度差直方图为依据，为图像二值化选取阈值，具体步骤是：

（1）对图像中的每个像素，分别计算该像素与周围邻域的差值，d_1为大于 0 部分的和，d_2为小于 0 部分的和的绝对值，并将这两个值分别加入各自的灰度差直方图。

（2）计算完两个灰度差直方图之后，认为对应于最大灰度差累积和的灰度级即为阈值 t。这样从两个灰度直方图得到两个阈值 t_+和 t_-，输出的阈值由下式求出：

$$t=\frac{t_+ + t_-}{2} \tag{5-4}$$

6）熵参数法

根据 Shannon 熵概念，对于灰度范围$\{0, 1, \cdots, L-1\}$的图像直方图，其熵测量为：

$$H=-\sum_{i=0}^{L-1} p_i \ln p_i \tag{5-5}$$

式中，p_i为第 i 个灰度的出现概率。设有门限 t 将图像划分为目标和背景两类，则：

$$P_{\mathrm{t}}=\sum_{i=0}^{t} p_i \tag{5-6}$$

定义估计函数 $g(t)$为：

$$g(t)=\frac{H_{\mathrm{t}}}{H_{\mathrm{T}}}\frac{\ln P_{\mathrm{t}}}{\ln[\max(p_0, \cdots, p_{\mathrm{t}})]}+\frac{H_{\mathrm{T}}-H_{\mathrm{t}}}{H_{\mathrm{T}}}\frac{\ln(1-P_{\mathrm{t}})}{\ln[\max(p_{\mathrm{t}+1}, \cdots, p_{\mathrm{L}-1})]} \tag{5-7}$$

式中，$H_{\mathrm{t}}=-\sum_{i=0}^{t} p_i \ln p_i$；$H_{\mathrm{T}}=-\sum_{i=0}^{L-1} p_i \ln p_i$。

则使目标和背景分开的最佳门限值是使 $g(t)$取得最大值的 t，即：

$$t=\mathrm{Argmax}\, g(t) \tag{5-8}$$

该算法可以进行多阈值的自动选择。

7）基于过渡区法

设二维图像$f(i, j)$的灰度集合为 Z，先将图像$f(i, j)$以 L 为剪切值按下列规则分成高端剪切和低端剪切两幅图像：

$$\begin{cases} f_{\mathrm{high}}(i, j)=\begin{cases} L & \text{当} f(i, j) \geqslant L \text{时} \\ f(i, j) & \text{当} f(i, j)<L \text{时} \end{cases} \\ f_{\mathrm{low}}(i, j)=\begin{cases} f(i, j) & \text{当} f(i, j)>L \text{时} \\ L & \text{当} f(i, j) \leqslant L \text{时} \end{cases} \end{cases} \tag{5-9}$$

再对图像$f_{\mathrm{high}}(i, j)$和$f_{\mathrm{low}}(i, j)$按下式计算它们的有效平均梯度 EAG：

$$EAG=TG/TP \tag{5-10}$$

式中，$TG=\sum_{i, j \in Z} g(i, j)$，为梯度图的总梯度值；$g(i, j)$为$f_{\mathrm{high}}(i, j)$或者$f_{\mathrm{low}}(i, j)$

的灰度梯度图；$TP = \sum_{i,\ j \in Z} p(i,\ j)$ ，为非零梯度像素的总和。

当 $g(i,\ j)>0$ 时，$p(i,\ j)=1$；当 $g(i,\ j)=0$ 时，$p(i,\ j)=0$。

从而得到高端剪切和低端剪切图的有效平均梯度 $EAG_{\mathrm{high}}(L)$ 和 $EAG_{\mathrm{low}}(L)$。典型的 $EAG_{\mathrm{high}}(L)$ 和 $EAG_{\mathrm{low}}(L)$ 随 L 的变化曲线均为单峰曲线，即它们都有一个极大值，记为 L_{high} 和 L_{low}。这两个值即为过渡区灰度的上下限，因此可根据需要在这两个值之间按某一规则（如取平均值等）选取一个灰度值作为对原始图像 $f(i,\ j)$ 进行二值化的阈值。

8）双阈值法

前面介绍的几种二值化处理方法对于处理灰度直方图属于双峰模型的图像，效果比较显著。但在实际中发现，有些图像的直方图并不属于这种范畴，如电阻率图像，其中孔、洞、裂缝等目标对象只占极少部分，背景电阻率占绝大多数。这种图像的直方图显示出明显的单峰现象。针对此种图像，在实践中，我们设计了双阈值二值化法。其中两个阈值的选取依赖于统计直方图，在直方图峰值的左右两侧选取两个阈值 L_{t1} 和 L_{t2}（依据相邻两个像素的灰度值的变化率），把 L_{t1} 和 L_{t2} 之间的背景图像变为黑，即可突出裂缝、孔洞等目标对象。在实际处理中发现，这种处理方法是行之有效的。

9）一种适合井壁成像测井的二值化方法

以上介绍的几种自动阈值算法，原理上均可用于对成像测井图像的阈值化，但是由于它们阈值的选择并不考虑被分割对象的物理性质的特点和限制，因此，在实用中很难达到最佳效果。另外，上述各种算法均是理论方法，要具体实现还需要一些处理技术相配合。下面将给出一种适合测井特点的自动阈值化方法。

由于成像测井图像的灰度直方图有单峰、双峰和多峰的，且灰度分布并不是每个灰度均有的，常出现间隔好几个灰度才有值的情况。另外，成像测井中的目标体均为低电阻，对应于图像的低灰度部分，它们的面比率一般不低于0.5。根据这些特点，重点针对成像图的灰度直方图的特征进行分类研究，从而自动获取具有测井特点的二值化阈值，实现成像测井图的缝洞目标体的定量自动检测。

具体实现步骤如下：

（1）计算图像的灰度统计直方图。

（2）灰度直方图插值。

（3）直方图滤波窗长的计算。

（4）直方图的滤波。

（5）直方图上的峰和谷的个数及位置检测。

（6）去除不明显的峰。

（7）根据直方图峰的个数分成单峰和多峰两类。

(8) 对于单峰直方图，采用双阈值化确定双阈值，并转步骤(12)。

(9) 对于多峰直方图，根据分布密度值和峰所覆盖面积找出最大峰和第二大峰。

(10) 如果第二大峰在最大峰的左侧或最大峰在第二大峰的左侧且第二大峰的面积与最大峰面积的比大于 0.5，则阈值取为这两个峰之间的最左侧的谷位置，并转步骤(12)。

(11) 如果不满足(10)的条件，就按单峰处理，其峰即为最大峰。

(12) 用上述确定的阈值对成像测井图进行二值化处理，得到缝洞二值图。

其中，步骤(2)(3)(4)和(6)主要用于去除随机噪声干扰，确保峰和谷的有效检测；步骤(8)(9)(10)和(11)则是根据目标体常为低灰度值(代表低电阻)和平均面比率不高于 0.5 的特点而限定处理的，因而其结果应该是比较可信而有效的。同时，整个过程也是自动的，因而是实用的。

运用上述各种算法对某一段井壁声测井图像(原始图像)进行二值化处理可得图 5-2 所示结果。其中，直方图统计法为本书所提出的与测井信息相关的方法所替代。由处理结果来看，本书所提供的二值化方法效果最好，其次是判断分析法和基于过渡区法，再次是多阈值熵参数法，其余的双阈值法、*P* 参数法、微分直方图法和灰度差直方图法效果相当。值得注意的是，由于多阈值熵参数法采用多阈值，可对于多目标体(具有不同灰度值)的图像进行检测，因而其结果仍然为灰度图，而不是二值图。

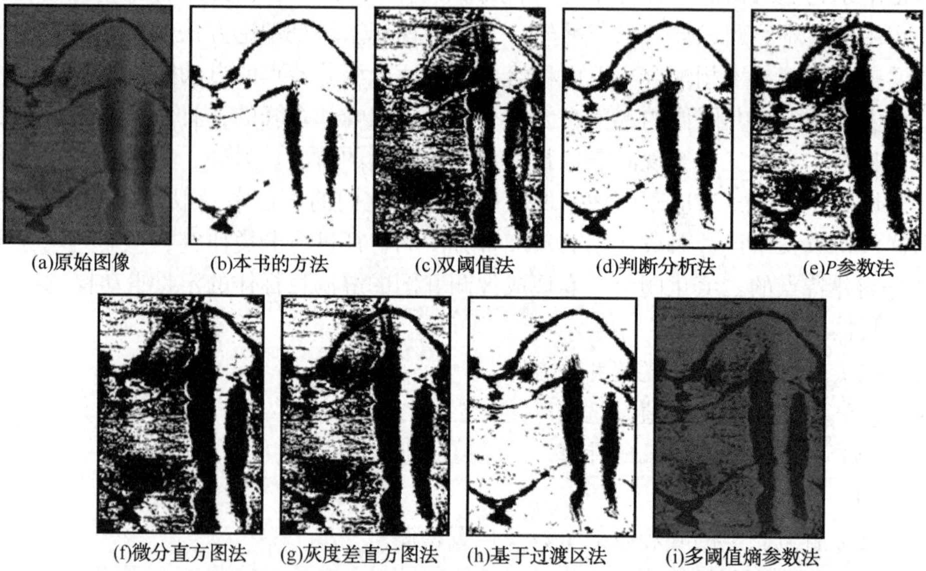

(a)原始图像　(b)本书的方法　(c)双阈值法　(d)判断分析法　(e)*P*参数法

(f)微分直方图法　(g)灰度差直方图法　(h)基于过渡区法　(i)多阈值熵参数法

图 5-2　几种二值化处理结果

2. 图像边缘增强处理

为了使一幅图像的边缘更为鲜明，常常采用锐化技术使图像的边缘增强(edge enhancement)，或称边缘锐化。本小节从空域和频域两个方面讨论图像的锐化方法。

1) 理论方法

(1) 微分锐化方法。

在图像平滑化处理中，采用的空域处理法是邻域平均法，这种方法类似于积分过程(求和运算)。积分的结果使图像的边缘变模糊。积分既然使图像细节变模糊，那么微分就会产生相反的效果。因此，微分应使图像边缘清晰。

最常用的微分锐化的处理方法是梯度法。由场论理论可知，数量场的梯度是这样定义的：设有一数量场 u，$u(M)=u(x, y, z)$。数量场 u 在 M 点的梯度(向量)grd $u(M)$是一个方向取过该点的所有方向导数中最大值的方向、长度为这个最大值的矢量。由这个定义出发，在二维图像中，如果给定一个函数 $f(x, y)$，则过坐标(x, y)点的 f 的梯度可定义为如下的一个矢量：

$$\text{grad}[f(x, y)] = \begin{bmatrix} \dfrac{\partial f}{\partial x} \\ \dfrac{\partial f}{\partial y} \end{bmatrix}_{(x,y)} \tag{5-11}$$

由梯度的定义可知它有两个特点：

① 矢量 grad$[f(x, y)]$是指向 $f(x, y)$上最大增加率的方向。

② 如果用 $G[f(x, y)]$来表示 grad$[f(x, y)]$的幅度，那么：

$$G[f(x, y)] = \max\{\text{grad}[f(x, y)]\} = \left[\left(\frac{\partial f}{\partial x}\right)^2 + \left(\frac{\partial f}{\partial y}\right)^2\right]^{1/2} \tag{5-12}$$

这就是说，$G[f(x, y)]$等于在 grad$[f(x, y)]$的方向上每单位距离内 $f(x, y)$的最大增加率。$G[f(x, y)]$是一个标量函数，并且永远是正值。实际上，通常把标量函数 $G[f(x, y)]$叫作 f 的梯度。为了避免烦琐地称 $G(f(x, y))$为“梯度的模”(grads module)，在后面的讨论中“梯度”一词仅指它的大小(梯度的“模”)。

对于数字图像，上式中的导数可以用差分来近似。由下式给出了一种典型的近似关系：

$$G[f(x, y)] \approx \{[f(x, y)-f(x+1, y)]^2+[f(x, y)-f(x, y+1)]^2\}^{1/2} \tag{5-13}$$

取绝对值得到如下相似的结果：

$$G[f(x, y)] \approx |f(x, y)-f(x+1, y)|+|f(x, y)-f(x, y+1)| \tag{5-14}$$

当用计算机实现梯度时，这个式子更合乎要求。假如计算速度是重要因素，编制成汇编语言更容易些。上面式子中像素间的关系如图 5-3(a)所示。必须指出，一幅 $N\times N$ 的图像，对处在最后一行($x=N$)或最后一列($y=N$)的像素不能求其梯度。对这个区域中像素的一种处理办法是：当 $x=N$ 或 $y=N$ 时，用前一行($N-1$)或前一列($N-1$)各点的梯度值取代。上述梯度的近似处理方法不是唯一的方法。

另一种有用的近似法(罗伯特梯度法)是用交叉差分替代微分的方法，如图 5-3(b)所示。

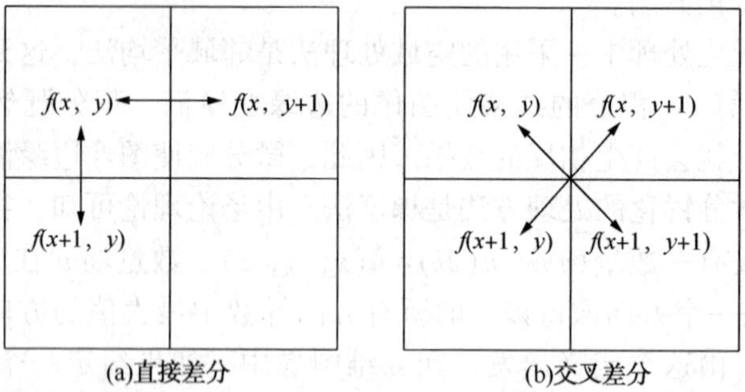

图 5-3　两种梯度差分近似算法

该方法的近似值由下式给出：

$$G[f(x, y)]=\{[f(x, y)-f(x+1, y+1)]^2+[f(x+1, y)-f(x, y+1)]^2\}^{1/2} \tag{5-15}$$

或者用绝对值表示为：

$$G[f(x, y)]\approx|f(x, y)-f(x+1, y+1)|+|f(x+1, y)-f(x, y+1)| \tag{5-16}$$

必须指出，上面给出的所有梯度近似值都和相邻像素间的灰度差成正比。这样，正如所希望的那样，对一幅图像中突出的边缘区，其梯度有较大的值；对完全平滑区，梯度有较小的值；对灰度级为常数的区域，梯度为零。梯度的这些性质如图 5-4(a)所示，图中所示的数字图像由二级灰度组成。如图 5-4(b)所示，梯度运算使得所有不变的白区域减到零(变为黑)，只留下灰度级急剧变化的那些点，即字母的边缘。

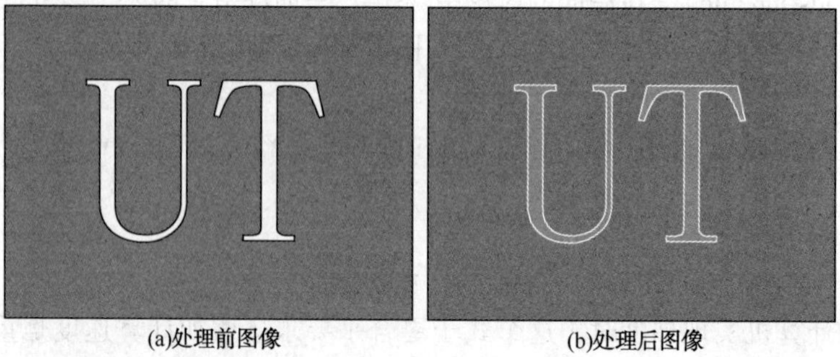

图 5-4　锐化处理前后对比图

从上面的讨论可知，为了产生梯度图像 $g(x, y)$，有许多种可用的梯度方法。最简单的方法是让坐标(x, y)处的值 g 等于该点的 f 的梯度，也就是：

$$g(x, y)=G[f(x, y)] \tag{5-17}$$

这种方法的主要的缺点是，在 $f(x, y)$ 中所有的平滑区域，在 $g(x, y)$ 中将变成暗区，这是由于这些区域中梯度值较小而造成的。解决这个问题的一种办法是给出一个梯度阈值，即是如下的形式：

$$g(x, y)=\begin{cases} G[f(x, y)] & G[f(x, y)] \geqslant T \\ f(x, y) & \text{其他} \end{cases} \tag{5-18}$$

式中，T 是一个非负的阈值。适当地选择 T 值，有可能在不破坏平滑背景特征的前提下，而强调有效边缘。

类似方法的另一种做法是，给边缘规定一个灰度级 L_G，由下式给出：

$$g(x, y)=\begin{cases} L_G & G[f(x, y)] \geqslant T \\ f(x, y) & \text{其他} \end{cases} \tag{5-19}$$

有时希望研究边缘的灰度级的变化，但要求不受背景的影响，这能够用如下的梯度图像形式来实现：

$$g(x, y)=\begin{cases} G[f(x, y)] & G[f(x, y)] \geqslant T \\ L_B & \text{其他} \end{cases} \tag{5-20}$$

式中，L_B是对背景规定的灰度值。

最后，假如只对边缘的位置感兴趣，则锐化处理式为：

$$g(x, y)=\begin{cases} L_G & G[f(x, y)] \geqslant T \\ L_B & \text{其他} \end{cases} \tag{5-21}$$

用上式处理的结果，得到了一张二值的梯度图片，其中边缘和背景用任何两个规定的灰度级来显示。

（2）高通滤波法。

在前文中已经表明，可以用衰减傅立叶变换中的高频分量的办法使一幅图像模糊。因为边缘及灰度级中其他的急剧变化都与高频分量有关。为了锐化边缘，在频域中可采用高通滤波器。高通滤波器将衰减傅立叶变换中的低频分量，而让高频分量顺利通过，从而实现图像的锐化。

① 理想滤波器。一个二维理想高通滤波器(IHPF)，它的传递函数满足下式：

$$H(u, v)=\begin{cases} 0 & D(u, v) \leqslant D_0 \\ 1 & D(u, v) > D_0 \end{cases} \tag{5-22}$$

式中，D_0为频率平面上从原点算起的截止距离，$D(u, v)$由下式给出：

$$D(u, v)=[u^2+v^2]^{1/2} \tag{5-23}$$

理想高通滤波器传递函数的剖面图如图 5-5 所示。必须指出，这个滤波器与理想低通滤波器相反，因为它把半径为 D_0 的圆内所有频率完全衰减掉，对圆外所有频率无损地通过。正如理想低通滤波器的情况一样，理想高通滤波器不是物理上可以实现的。

② 巴特沃思高通滤波器。n 阶的具有 D_0 截止频率的巴特沃思高通滤波器 (BHPF) 的传递函数由下式来定义：

$$H(u, v)=\frac{1}{1+[D_0/D(u, v)]^{2n}} \tag{5-24}$$

式中，$D(u, v)$ 与理想高通滤波器相同。

巴特沃思高通滤波器传递函数的剖面图如图 5-6 所示。必须指出，当 $D(u, v)=D_0$，$n=1$ 时，$H(u, v)$ 下降到最大值的 1/2。如同巴特沃思低通滤波器的情形一样，通常是用另一种准则选择截止频率：使在该点处的 $H(u, v)$ 下降到最大值的 $1/\sqrt{2}$。

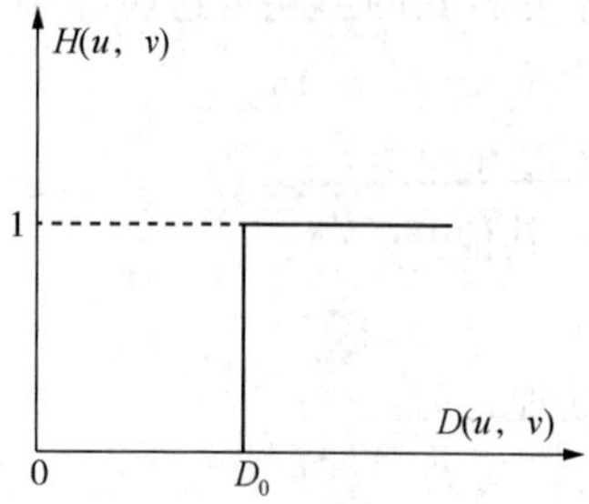

图 5-5 理想高通滤波器的剖面

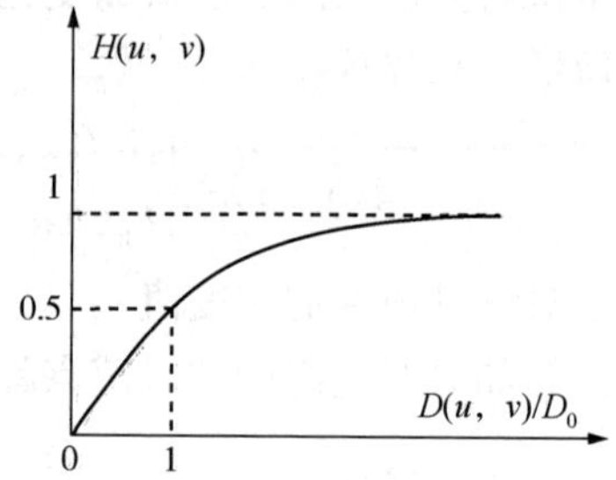

图 5-6 $n=1$ 的巴特沃思高通滤波器的剖面

上式易于修改成使它本身满足这一约束条件，即：

$$H(u, v)=\frac{1}{1+[\sqrt{2}-1][D_0/D(u, v)]^{2n}}$$

$$=\frac{1}{1+0.414[D_0/D(u, v)]^{2n}} \tag{5-25}$$

③ 指数滤波器。具有截止频率 D_0 的指数高通滤波器 (EHPF) 的传递函数由下式给出：

$$H(u, v)=e^{-[D_0/D(u,v)]^n} \tag{5-26}$$

式中，$D(u, v)$ 与理想高通滤波器相同。

参量 n 控制着从原点算起的距离函数 $H(u, v)$ 的增长率。当 $D(u, v)=D_0$ 时，我们从上式得到 $H(u, v)=1/e$。经过简单的修改给出：

$$H(u, v)=e^{-[\ln(1/\sqrt{2})][D_0/D(u,v)]^n}=e^{0.347[D_0/D(u,v)]^n} \tag{5-27}$$

它使 $H(u,\ v)$ 在截止频率时等于最大值的 $1/\sqrt{2}$。

④ 梯形高通滤波器。梯形高通滤波器(THPF)由下式定义：

$$H(u,\ v)=\begin{cases}0 & D(u,\ v)<D_1\\ \dfrac{D(u,\ v)-D_1}{D_0-D_1} & D_1\leqslant D(u,\ v)\leqslant D_0\\ 1 & D(u,\ v)>D_0\end{cases} \tag{5-28}$$

式中，$D(u,\ v)$ 与理想高通滤波器相同，D_0 和 D_1 是规定的，并假定 $D_0>D_1$。

典型的梯形高通滤波器传递函数的半剖面图如图 5-7 所示。为了实现方便，截止频率并不是定义在使 $H(u,\ v)$ 为最大值的 $1/\sqrt{2}$ 的那个点。第二个变量 D_1 是任意的，只要它小于 D_0 就行。

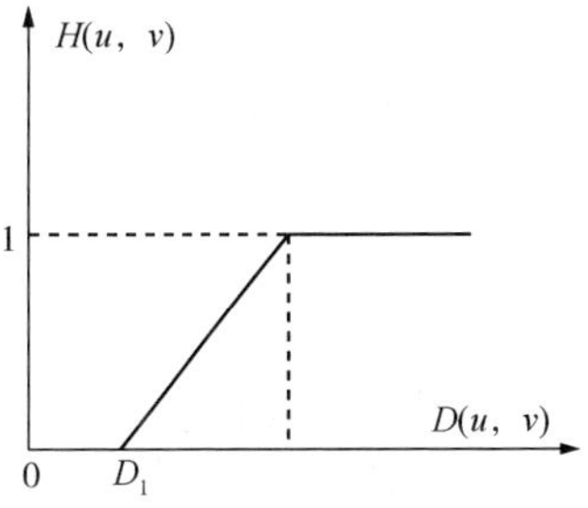

图 5-7　梯形高通滤波器的半剖面图

2）具体算法

（1）Laplace 边缘增强。

由于经插值处理的图像具有宽边的特点，使用二阶偏导效果比较好。Laplace 边缘检测是一种各向同性的边缘增强方法，即其边缘的增强程度与边缘的方向无关。这种边缘增强方法产生的边缘的锐化程度大于其他边缘增强方法。另外，不论灰度梯度是正的还是负的，Laplace 边缘增强方法都能使边缘得到增强：

$$\nabla^2 f=\frac{\partial^2 f}{\partial x^2}+\frac{\partial^2 f}{\partial y^2} \tag{5-29}$$

Laplace 算子先由差分近似：

$$\begin{aligned}\frac{\partial^2 f}{\partial x^2}&=f(x+\Delta x,\ y)-2f(x,\ y)+f(x-\Delta x,\ y)\\ \frac{\partial^2 f}{\partial y^2}&=f(x,\ y+\Delta y)-2f(x,\ y)+f(x,\ y-\Delta y)\end{aligned} \tag{5-30}$$

将 $f(x,\ y)$ 数字化，并令 $\Delta x=1$，$\Delta y=1$，则可用下式表示：

$$L[f(x,\ y)]=f(x+1,\ y)+f(x-1,\ y)+f(x,\ y+1)+f(x,\ y-1)-4f(x,\ y) \tag{5-31}$$

上式等效于一个与 $f(x,\ y)$ 做卷积运算的卷积核。卷积核可写成：

$$P(x,\ y)=\begin{bmatrix}0 & 1 & 0\\ 1 & -4 & 1\\ 0 & 1 & 0\end{bmatrix}$$

(2) Sobel 算法边缘检测。

Sobel 算子是一种非线性边缘检测算子。这种算法采用了一次微分的方法来检测边缘。这种非线性方法用较少的计算量，得到了较好的边缘检测效果。该算法效率很高，而且用途很广。

实际中有两种方法实现 Sobel 算法。第一种算法计算两个不同的卷积核，即 x 方向使用卷积核：

$$\begin{bmatrix} 1 & 0 & -1 \\ 2 & 0 & -2 \\ 1 & 0 & -1 \end{bmatrix}$$

y 方向使用卷积核：

$$\begin{bmatrix} 1 & 2 & 1 \\ 0 & 0 & 0 \\ -1 & -2 & -1 \end{bmatrix}$$

利用上述两个卷积核，可产生两个新图像：一个表示垂直边缘响应，一个表示水平边缘响应。由于我们的目的是确定边缘点的存在和位置，因此应将这两幅图像结合成一幅图像。最好的合成办法既要考虑到合成后算子对水平和垂直边缘的响应，又要考虑到对对角线边缘(斜边缘)的响应。

水平和垂直 Sobel 算子的合成方法有以下 3 种：

① 计算水平响应和垂直响应的平方和的平方根；

② 取水平响应和垂直响应的绝对值之和，这种方法简单，但精度稍低。

③ 取水平响应和垂直响应中幅度较大的分量的幅度。

其中平方和的平方根法对 3 种边缘的响应更均匀一些，而取最大绝对值的方法更简单快速，因此实际处理中选用了这种方法。

(3) Kirsch 算子边缘检测。

Kirsch 算子边缘检测是一种像素邻点顺时针循环平均求梯度的方法。这种方法取图像的如下梯度图像作为检测结果：

$$g(i,\ j)=\nabla_k f(i,\ j)=\max_{k=0}^{7}[\,|5S_k-3T_k|\,] \quad (5-32)$$

式中，$S_k=A_{k+}A_{k+1}+A_{k+2}$；$T_k=A_{k+3}+A_{k+4}+A_{k+5}+A_{k+6}+A_{k+7}$。

分别表示 $f(i,\ j)$ 之 8 个邻像素中，顺时针排列的相邻 3 个像素和 5 个像素之和(见图 5-8)。规定 A_0 为 $f(i,\ j)$ 左上角的邻域，A 的下标按模版 8 计算。

A_0	A	A_2
A_7	$f(i,\ j)$	A_3
A_6	A_5	A_4

图 5-8 $f(i,\ j)$ 之 3×3 邻域之像素

上式中中括号内的取极大值运算，事实上就是求在 8 个方向上的平均差分之最大值，即 $f(i,\ j)$ 梯度幅度之近似值。

实践表明，使用 Laplace 算子、Sobel 算子和 Kirsch 算子提取的边缘形状是非常相似的。

（4）Prewitt 算子边缘检测。

对于灰度图像 f，计算以像素 $f(i, j)$ 为中心的 3×3 区域同 Prewitt 算子的卷积和，得到微分图像 g。微分值 $g(i, j)$ 可以用下列 3 个定义式中的一个来计算：

$$
\begin{aligned}
g(i, j) &= \sqrt{\Delta_i^2+\Delta_j^2} \\
g(i, j) &= |\Delta_i|+|\Delta_j| \\
g(i, j) &= \max\{|\Delta_i|, |\Delta_j|\}
\end{aligned}
\tag{5-33}
$$

第一个定义式是原定义式，由于计算开方比较费时，第二个、第三个定义式是其简化形式。一般为了方便计算，常采用第二个或第三个定义式。边缘的方向 h 取值在(−90°，+90°)区间。

Prewtt 算子如下：

$$
\begin{matrix} 1 & 0 & -1 \\ 1 & 0 & -1 \\ 1 & 0 & -1 \end{matrix} \qquad \begin{matrix} 1 & 1 & 1 \\ 0 & 0 & 0 \\ -1 & -1 & -1 \end{matrix}
$$

Δif $\qquad$ Δif

（5）Roberts 算子边缘检测。

对于灰度图像 f，计算以像素 $f(i, j)$ 为中心的 3×3 区域同 Roberts 算子的加权和，得到微分图像 g 和方向图像 h。微分幅值的计算与 Prewtt 相同。微分方向在−90°～+90°区间取值。

Roberts 算子如下：

$$
\begin{matrix} 1 & 0 \\ 0 & -1 \end{matrix} \qquad \begin{matrix} 0 & 1 \\ -1 & 0 \end{matrix}
$$

Δif $\qquad$ Δif

（6）Frei 和 Chen 算子边缘检测。

对于灰度图像 f，计算以像素 $f(i, j)$ 为中心的 3×3 区域同 Frei 与 Chen 算子的加权和，求出边缘的强度 g。

（7）Robinson 算子边缘检测。

对于灰度图像 f，计算以像素 $f(i, j)$ 为中心的 3×3 区域同 Robinson 算子的加权和，求出边缘的强度 g 和边缘的方向 h(45°间隔)。

二、裂缝自动拾取

井壁裂缝在成像测井图上的特征如图 5-9 所示，呈水平直线或正弦曲线。成像测井图上的裂缝的自动拾取是在对二值化图完成细化后的黑白图上采用 Hough 变换算法实现的。

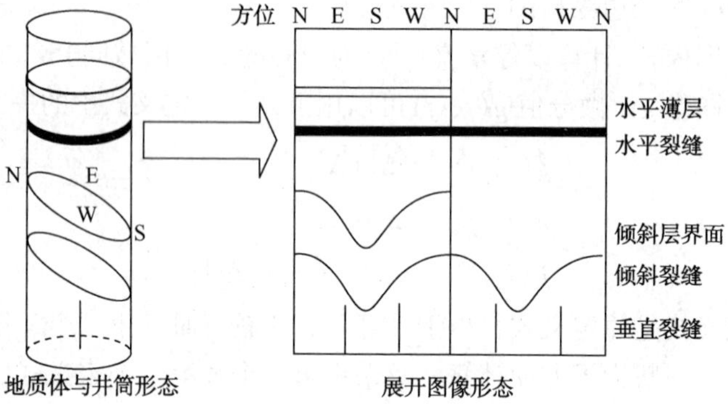

图 5-9　井壁裂缝在成像测井图上的特征

1. 图像的细化处理

目标体脊线检测采用的技术是图像细化，所谓细化(Thinning)，是指将图像上的文字、曲线、直线等几何元素的线条沿着中心轴线将其变成一个像素宽的线条的处理过程。

细化是一种重要的图像解析处理方法。为了显示裂缝、孔洞的形态，准确判定裂缝、孔洞的张开度，从而研究裂缝对图像的响应，与现场的 SATR-II 资料进行对比，这时都需要用到细线化技术。将目标对象进行适当地放大，由于放大作用使得对象的边缘也相应变宽(大于一个像素宽)，此时需要采用细线化技术，将变宽了的边界恢复到原来的一个像素宽，才能精确确定裂缝张开度等参数。

细化算法有很多种，为了选出较好的算法，考察了 Hilditch 法、Deutsch 法、并行 Pavlids 法、串行 Pavlids 法、8-邻域 Rosen 法、4-邻域 Rosen 法、灰度分析法、Zhang 法和安全点法 9 种算法。图 5-10 为 6 种不同算法处理的结果，由处理结果来看，Hilditch 法和 Deutsch 法结果相同且效果较好，而基于连接数的灰度法处理结果比较平滑，Pavlids 法、Zhang 法和 Naccache 法则出现断裂。

1）Hilditch 法

Hilditch 细化技术是用一个 3×3 的模板沿着图像的扫描方向移动，将图形边界的像素逐次削除，最后得到线宽为 1 的图形。使用的模板如图 5-11 所示，模板内的 9 个像素用 P_0 到 P_8 共 9 个符号标记。另外约定背景像素值为 0，图形部的像素值为 1。

Hilditch 法中使用下述从 A 到 G 共 7 个函数。

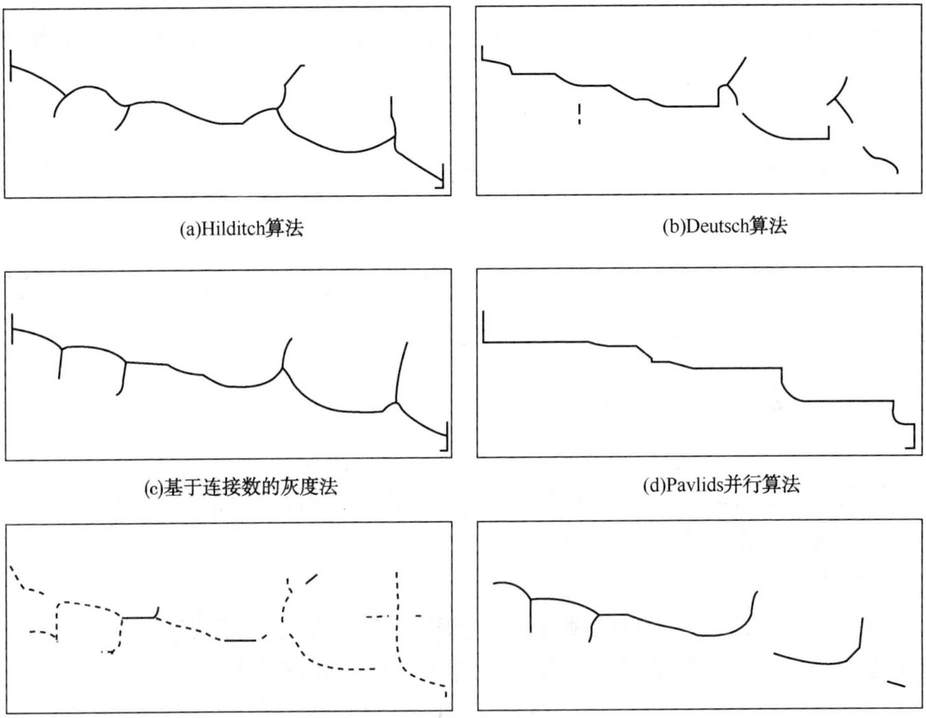

(a)Hilditch算法　(b)Deutsch算法

(c)基于连接数的灰度法　(d)Pavlids并行算法

(e)Zhang快速并行算法　(f)Naccache的安全点算法

图 5-10　不同细化算法处理结果

P_4	P_3	P_2
P_5	P_0	P_1
P_6	P_7	P_8

图 5-11　Hilditch 细线化处理模板

(1) $A(k)=1$(P_k为图形像素)，$k=0\sim8$；

$A(k)=0$(P_k为背景像素)。

(2) $B(k)=1-|A(k)|$。

(3) $C(k)=1$，[若 $A(k)=1$]；

$C(k)=0$[若 $A(k)\neq1$]。

(4) $D(k)=1$[若 $|A(k)|=1$]；

$D(k)=0$[若 $|A(k)|\neq1$]；

$D(9)=D(1)$。

(5) $E(k)=1-|D(k)|$，$k=0\sim8$。

(6) $F=\sum_{i=N_l}\{E(i)-E(i)\cdot E(i+1)\cdot E(i+2)\}$，$N_l=\{1,3,5,7\}$。

(7) $G(k)=F^*$，$k=0\sim8$。

F^* 为 $A(k)=0$ 时的 F。

使用以上 7 个函数，细化处理如下所述：

（1）处理 1。

将模板沿扫描方向移动，当下列 6 个条件全部满足时，中心像素值置为-1，否则不做任何改变。

条件 1：$A(0)=1$（中心像素为图形部分）。

条件 2：$\sum_{i=N_2} B(2i-1) \geqslant 1$，$N_2=\{1, 2, 3, 4\}$（中心像素为背景与图形的边界）。

条件 3：$\sum_{i=N_3} |A(2i-1)| \geqslant 1$，$N_3=\{1, 2, 3, 4, 5, 6, 7, 8\}$（不削除端点）。

条件 4：$\sum_{i=N_3} C(i) \geqslant 1$（保留孤立点）。

条件 5：$F=1$（保留连接性）。

条件 6：$A(i) \neq 1$，或 $G(i)=1$，$i \in N_3$（线宽为 2 的部分只削除一侧）。

以上处理针对全部像素逐个进行。

（2）处理 2

在“处理 1”结束后，将已赋成-1 的像素全部置为 0，再次实行“处理 1”。如此反复直至“处理 1”的结果不再有-1 的像素出现。处理结束。

2）Zhang 的快速并行细化法

P_9	P_2	P_3
P_8	P_1	P_4
P_7	P_6	P_5

图 5-12　细化处理模板

这个算法所使用的模板如图 5-12 所示。每次循环分成两个子循环，第一个子循环中，边界像素被删除的条件是：

① $2 \leqslant B(P_1) \leqslant 6$；

② $A(P_1)=1$；

③ $P_2 \cdot P_4 \cdot P_6=0$；

④ $P_4 \cdot P_6 \cdot P_8=0$。

其中，P_1为待处理的边界像素；P_2为其上邻；P_9为左上的近邻像素；$A(P_1)$是有序集$\{P_2, \cdots, P_9\}$中的 01 模式数，$B(P_1)$是$\{P_2, \cdots, P_9\}$中的非 0 像素数。

在第二个子循环中，边界像素删除的条件是：

① $2 \leqslant B(P_1) \leqslant 6$；

② $A(P_1)=1$；

③ $P_2 \cdot P_4 \cdot P_8=0$；

④ $P_2 \cdot P_6 \cdot P_8=0$。

这种算法的优点是，计算速度快且处理效果比较好。

3）安全点细化法

安全点细化算法是由 N. J. Naccache 提出的并行算法，所使用的模板如图 5-13 所示。每次循环分成两个子循环，安全点通过 4 个逻辑表达式来判定。第一个循环检测水平方向的安全点，第二个循环检测垂直方向的安全点，满足表达式的点删除掉，像素值置为 0。

P_3	P_2	P_1
P_4	$f(i, j)$	P_0
P_5	P_6	P_7

图 5-13　细线化处理模板

4）基于连接数的灰度图像细化

这种细化算法是对灰度图像 f，计算所有非 0 像素 $f(i, j)$ 的横井(yokoi)连接数 r_4(4-连接情况)或 r_8(8-连接情况)，通过消除连接数为 1 的像素(变为 0)来实现对灰度图像的细化。连接数 r_4、r_8 由下面的式子定义：

$$r_4 = \sum_{i=N}(x_i - x_i \cdot x_{i+1} \cdot x_{i+2}),\ N = \{1, 3, 5, 7\}$$

$$r_8 = \sum_{i=N}[(1 - x_i) - (1 - x_i) \cdot (1 - x_{i+1}) \cdot (1 - x_{i+2})],\ N = \{1, 3, 5, 7\} \tag{5-34}$$

算法中所用到的模板如图 5-14 所示。其中，x_i 中的 $i = 1, 2, \cdots, 8$ 表示 $f(i, j)$ 周围的 8 个像素的值，x_1 对应于 $f(i, j)$ 的右邻，其他按逆时针方向对应，$x_9 = x_1$，$i = 1, 2, \cdots, 8$ 在对应的像素值为非 0 时取 1，0 值时取 0。

边界像素满足下列所有条件时，被删除(像素值置为 0)：

① $f(i, j) = 1$(像素为图形部分)。

② 4-连接时，$r_4 = 1$；

8-连接时，$r_8 = 1$。

5）Deutch 细化算法

这个算法所使用的模板如图 5-15 所示，它是一种迭代算法，其具体过程如下：

P_4	P_3	P_2
P_5	$f(i, j)$	P_1
P_6	P_7	P_8

图 5-14　细线化处理模板

P_3	P_2	P_1
P_4	$f(i, j)$	P_8
P_5	P_6	P_7

图 5-15　Deutch 细化处理模板

```
DO{
SHORI=FALSE
FOR I=1 TO SIZE-X STEP 1
FOR J=1 TO SIZE-Y STEP 1
满足第一组条件的点则删除，且设 SHORI=TRUE
NEXT J
ENXT I
SHORI=FALSE
FOR I=1 TO SIZE-X STEP 1
FOR J=1 TO SIZE-Y STEP 1
满足第二组条件的点则删除，且设 SHORI=TRUE
NEXT J
ENXT I
} WHILE(SHORI)
```

其中，两组条件分别为：

第一组条件：

（1）$C_5 = \sum_{k=1}^{8} |P_{k+1} - P_k|$，$(P_9 = P_1)$，$C_5 = 0$ 或 $C_5 = 2$ 或 $C_5 = 4$；

（2）$\sum_{k=1}^{8} P_k \neq 1$；

（3）$P_8 \cdot P_2 \cdot P_4 = 0$；

（4）$P_8 \cdot P_2 \cdot P_7 = 0$；

（5）若 $C_5 = 4$，则还需满足 $P_8 \cdot P_7 \cdot (P_4 + P_4) = 0$ 且 $P_2 + P_3 + P_4 + P_7 = 0$ 或者 $P_8 \cdot P_2 \cdot (P_3 + P_7) = 0$ 且 $P_1 + P_4 + P_5 + P_6 = 0$。

第二组条件：

（1）$C_5 = \sum_{k=1}^{8} |P_{k+1} - P_k|$，$(P_9 = P_1)$，$C_5 = 0$ 或 $C_5 = 2$ 或 $C_5 = 4$；

（2）$\sum_{k=1}^{8} P_k \neq 1$；

（3）$P_2 \cdot P_4 \cdot P_6 = 0$；

（4）$P_4 \cdot P_6 \cdot P_8 = 0$；

（5）若 $C_5 = 4$，则还需满足 $P_2 \cdot P_4 \cdot (P_1 + P_5) = 0$ 且 $P_3 + P_8 + P_6 + P_7 = 0$ 或者 $P_2 \cdot P_6 \cdot (P_3 + P_7) = 0$ 且 $P_1 + P_2 + P_5 + P_8 = 0$。

2. 裂缝轨迹的 Hough 提取

Hough 变换的基本思想是，把解析曲线从图像空间映射到以参数为坐标的参数空间中，根据参数空间中一些特征反过来确定曲线的参数值，从而确定图像空间中各种边界的确定性描述。Hough 变换的主要优点在于：具有较强的抗干扰能力，允许待检测的边界曲线不连续，便于做并行处理。传统的 Hough 变换常常用来检测一些简单的曲线，如直线、已知半径的圆等，能够获得满意的效果。然而，当检测具有 3 个或 3 个以上参数的复杂曲线时，传统的方法计算量大，需要的时间长，并且需要很大的存储空间。国内外学者们提出了许多改进方法，以克服上述不足。这些方法大致可以分为两类：一类是适合于各种形状曲线检测的方法；另一类是根据待检测对象自身特点而提出的，如文献充分利用圆和椭圆的对称特征来实现快速检测。

圆柱面与一个倾斜平面相交，其相交线为一椭圆。无论从哪个方位将圆柱面展开，相交线都表现为正弦或余弦曲线的轨迹。这类正弦曲线的周期为一个固定值，周期长度等于图像宽度。在油气勘探和科学钻探中，当钻孔与倾斜的面状构造相交时，采用电阻率成像测井仪器采集的孔壁图像具有上述特征。圆柱面与倾斜平面相交的轨迹展开的图像如图 5-16 所示。

为了减少时间和存储空间的开销，提高检测速度，根据正弦曲线的特点分两步实现：

（1）确定正弦线的基线位置（见图 5-17）；

（2）采用二维 Hough 变换提取该位置对应的正弦线的幅度和初相位参数。

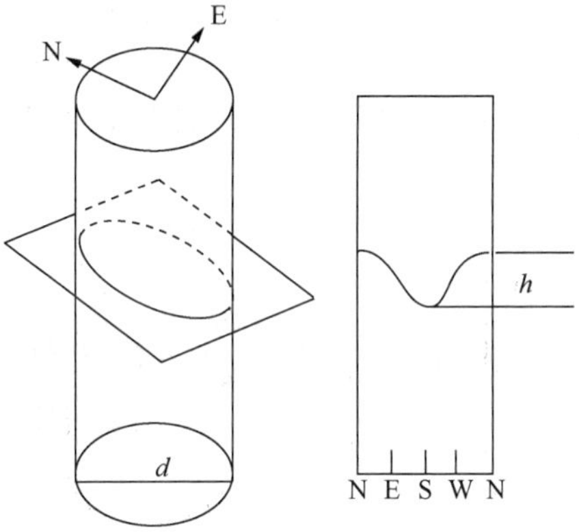

图 5-16　与井眼相交的倾斜裂缝（或层面）的示意图

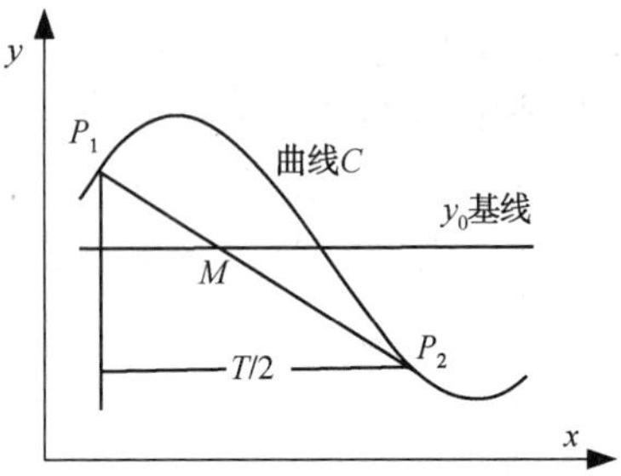

图 5-17　确定正弦线的基线位置方法原理图

图 5-16 所示的正弦曲线，可用下式表示：

$$y=A\sin\left(\frac{2\pi}{T}x-\varphi\right)+y_0 \tag{5-35}$$

式中，y_0 为正弦曲线的基线位置；A 为幅度；φ 为初相位；T 为周期。

在二维井壁成像图(幅度或时间)上，正弦曲线的周期等于图像的宽度，因此正弦曲线方程总共有3个未知参数。

1）确定正弦曲线基线位置

在图5-16中，水平直线$y=y_0$是正弦曲线C的基准线，记为L_0。在正弦曲线C上任取一点P_1，然后在C上找出与P_1水平距离等于$T/2$的另一点P_2。设点P_1的坐标为(x_{P1}，y_{P1})，点P_2的坐标为(x_{P2}，y_{P2})，线段P_1P_2的中点为M(x_M，y_M)，有：

$$\begin{cases} x_{p2}=x_{p1}+\dfrac{T}{2} \\ x_M=\dfrac{x_{p1}+x_{p2}}{2} \\ y_M=\dfrac{y_{p1}+y_{p2}}{2} \end{cases} \tag{5-36}$$

由正弦曲线性质可知，中点M恰好位于正弦曲线C的基准线L_0上。一条正弦曲线的像素点能够配成许多这样的点对，可以根据点对的数目及它们的中点纵坐标确定正弦曲线的基线位置。首先将图像中所有两点间水平距离为$T/2$的边界像素点配成一对，计算出它们各自的中点纵坐标；然后，以y_0为坐标建立一个一维参数空间；由于必然对应着参数空间中的峰值位置，因此，最后可以通过检测参数空间的峰值位置来确定y_0。在实际计算中，用一维累加器数组表示一维参数空间。具体的实现过程如下：

(1) 先设置一个一维数组 Count[0:m_Im_Height-1]，并对其初始化为零。其中，m_Im_Height 为图像的高度。

(2) 把图像分为左右两等份Ⅰ和Ⅱ，即左半区Ⅰ的横向宽度为 m_Im_Width 的一半，其高度不变，仍为 m_Im_Height。

(3) 对位于左半区Ⅰ内的点P'_1(x_{P1}，y_{P1})，执行下面的(4)~(6)步骤。

(4) 在右半区Ⅱ内任找一点P'_2(x_{P2}，y_{P2})，将其与P'_1(x_{P1}，y_{P1})配对，执行(5)~(6)步骤。

(5) 线段$P'_1P'_2$的中点，M'(x_M，y_M)，并使数组 Count[y_M]=Count[y_M]+1。

(6) 找出右半区Ⅱ内下一个点，转到第(4)步；若右半区Ⅱ内所有的点均已计算过，则转到第(3)步，直到计算了Ⅰ和Ⅱ上的所有点。如此循环，直到图像中所有点对均被访问为止。

(7) 寻找累加器数组 Count 的峰值位置。

2）确定正弦曲线幅度A和初相位φ

确定了基线位置y_0后，正弦曲线的未知参数剩下幅度A和初相位φ。下面采用 Hough 变换提取这两个参数。

根据正弦曲线表达式变形可得：

$$A=\frac{y-y_0}{\sin\left(\frac{2\pi}{T}x-\varphi\right)} \tag{5-37}$$

以 A 和 φ 参数为坐标建立一个二维变换参数空间，则图像空间中任意一点 (x, y) 映射到参数空间 (A, φ) 中为一条曲线。

进行 Hough 变换时，可按下列原则确定参数范围：$\varphi \in [0, 360]$，$A \in [0, A_{max}]$，A_{max} 应根据先验知识来选取。A_{max} 可以取为图像的最大高度。注意，在计算过程中必须将角度单位转换为弧度单位。确定正弦曲线幅度和初相位的具体实现过程如下：

(1) 设置一个二维累加器数组 Count$[A, \varphi]$，并将其各元素初始化为零。

(2) 对于前文中检测出的基准线位置 $y_{基准线}$，执行下面的步骤(3)~(8)。

(3) 对于图像中的任意边界点 $P(x, y)$，执行下面的步骤(4)~(7)。

(4) 对于 φ 等于 0°~360°，执行下面的步骤(4)~(7)。

(5) 根据式(5-37)计算幅度 A。

(6) 若 A 在 $(0, A_{max})$ 范围内，则 Count$[A][\varphi]$=Count$[A][\varphi]+1$。

(7) 如此循环，直到图像中所有边界像素点均被访问为止。

(8) 寻找累加器数组的峰值位置。

(9) 如此循环，直到所有边界点均被访问为止。

三、裂缝交互参数计算

成像测井资料包含了倾角测井资料的所有内容，同样可进行构造倾角和沉积倾角计算。如图 5-18 所示，设一个倾角为 53°，倾斜方位为 270°的平面与垂直井眼相切，向下俯视在圆柱面上形成了一种椭圆轨迹。将这一圆柱面从内部沿正北方向展开，则形成了一条标准的正弦曲线。这一正弦曲线的谷点，指示了这一层面的倾斜方位(270°)，其振幅正比于这一层面的倾角。设正弦曲线的振幅为 A，井眼直径力 D，则裂缝倾角 T_D 为：

$$T_D=\tan^{-1}\frac{A}{D}=53° \tag{5-38}$$

井壁成像测井图像就是从井眼内部沿正北方向展开的扫描图像，各种地质现象(地层、断层面、不整合面、裂缝面)与井眼相交的轨迹都是以正弦曲线的方式展现在图像上的。只要我们准确地拟合出这些正弦曲线，就可以准确地确定各种地质现象的倾角及方位，求出其产状。在实际工作中，一般采用最小二乘法的拟合方法来拟合这些正弦曲线。拟合的点数最少应在 3 点以上(3 点确定一个平面)。

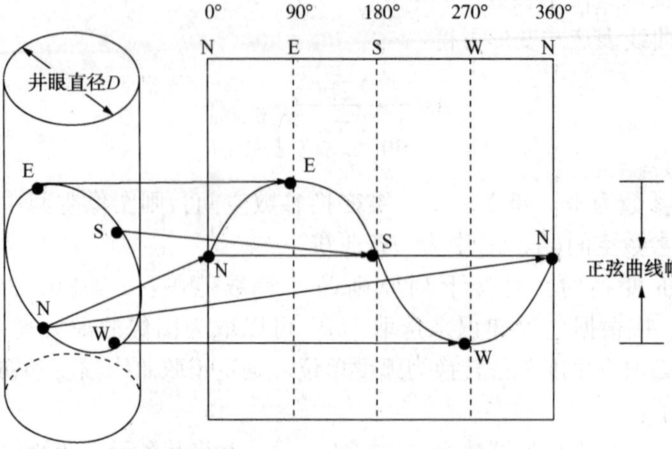

图 5-18　利用井壁成像图像计算倾角

1. 裂缝宽度计算

1）斯伦贝谢公式

假设井壁电阻率成像测井探测深度范围地层的电阻率为 R_{xo}，在井壁上有一宽度为 W 的裂缝，裂缝被电阻率为 R_m 的钻井液充填，并假设 $R_m << R_{xo}$。当 FMI 的测量电极靠近裂缝时，由于裂缝内的钻井液的低阻异常，将引起 FMI 测量电极电流的增大，这一电流增大的现象将继续增加下去，直至该测量电极远离这一裂缝而不受其低阻异常的影响。由于这一原因，一个仅为 0.1mm 宽的裂缝在图像上的宽度可能显示为实际宽度的好几倍甚至几十倍。显然，用尺寸远大于裂缝宽度的电阻率成像测量电极直接探测裂缝的宽度是不可能的。S. Mluthi 和 P. Souhaite 用三维有限元模型研究了这种响应关系，得到如下关系式：

$$W = CAR_m^b R_{xo}^{1-b} \tag{5-39}$$

式中，W 为裂缝宽度；b、C 为仪器常数；R_m 为泥浆电阻率；R_{xo} 为井壁电阻率成像测井电极探测范围内地层的电阻率；A 为裂缝引起的电流增加值，其值可由下式计算：

$$A = \frac{1}{V_e}\int_{h_0}^{h_n}[I_b(h) - I_{bm}]\,dh \tag{5-40}$$

式中，V_e 为测量电极与上部回流电极之间的电位差，V；$I_b(h)$ 深度为 h 处电极的电流值，μA；I_{bm} 为天然裂缝处的电流测量值，μA；H_o 为裂缝对电极测量值开始有影响的深度；h_n 为裂缝对电极测量值影响结束的深度。

研究表明：当裂缝的倾角在 0~40°的范围内，A 值基本上与裂缝的倾角无关；裂缝倾角超过 40°后，随着裂缝倾角的增加，A 值有减少的趋势。A 值的大小和电极与井壁接触程度基本无关。由于仪器记录电极电流，这样，对于一定的仪器而论，裂缝估算只要知道 R_m 和 R_{xo} 即可。通常，这些数据都是已知的，这样综合应用上面两式，用井壁电阻率成像测井资料即可求出裂缝宽度。事实上，一个裂缝的宽度在井壁不同的位置上是不尽相同的，因而裂缝宽度通常用平均值来表示。计算平均值的方法较多，在井壁电阻率成像测井裂缝解释中，通常使用两种方法评价裂缝宽度。

2）阿特拉斯公式

在 Express 软件平台中的 starfrac 处理程序中，采用下面的公式来计算裂缝的宽度：

$$W = \frac{P}{B - P}\int \frac{B - D}{D}\mathrm{d}W \tag{5-41}$$

式中，P 为裂缝轮廓线的峰值；B 为裂缝的背景值；D 为裂缝轮廓线上每点的回波幅度值；$\mathrm{d}W$ 为裂缝宽度的微分。

为了便于分析，可以把公式改为：

$$W = \frac{1}{B - P}\int \frac{P}{D}(B - D)\mathrm{d}W \tag{5-42}$$

在图 5-19(a)中，裂缝宽度较小，回波幅度衰减也较小，低于理想情况下的峰值，$P_1<P$。裂缝宽度的积分公式为：

$$W = \frac{1}{B - P}\sum_{i=l_1,\ l_2} \frac{P}{D_i}(B - D_i)\Delta W \tag{5-43}$$

式中，P/D_i 为惩罚系数，当 D_i 远离 P 时，此系数非常小，$P(B-D_i)\Delta W/[(B-P)D_i]$ 的值更小，可以忽略不计。那么 W 可以近似用中心点的峰值 P_1 表示为：

$$W=\frac{1}{B-P}\cdot\frac{P}{P_1}(B-P_1)\Delta W \tag{5-44}$$

在图 5-19(b)中，裂缝宽度等于仪器分辨的宽度，回波幅度衰减到理想情况下的峰值，$P_2=P$，裂缝宽度定义为 W_b。在图 5-19(c)中，裂缝宽度等于仪器分辨的宽度，回波幅度衰减到理想情况下的峰值，达到饱和值，$P_3=P$。裂缝宽度可以认为是由 W_b 和一个矩形组成的。公式表示为：

$$\begin{aligned} W = &\frac{1}{B - P}\sum_{i=l_1,\ l_2} \frac{P}{D_i}(B - D_i)\Delta W + \frac{1}{B - P}\sum_{i=l_2,\ l_3} \frac{P}{D_i}(B - D_i)\Delta W \\ &+ \frac{1}{B - P}\sum_{i=l_3,\ l_4} \frac{P}{D_i}(B - D_i)\Delta W \end{aligned} \tag{5-45}$$

将其中的第一部分与第三部分合并，合并后等于 W_b；在第二部分中，$D_i=P$，代数式可简化为：

$$W=W_b+(l_3-l_2)\Delta W \tag{5-46}$$

式中，W_b 为一个固定的值，裂缝宽度 W 与峰值宽度呈线性关系。

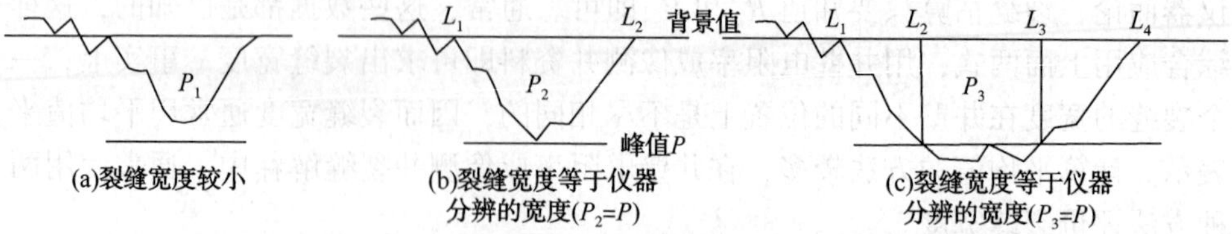

图 5-19 裂缝轮廓

对于 CBIL 测井，在回波幅度图像上，裂缝宽度 W_t 可以表示为：

$$W_t=[(l_2-l_1)+(l_4-l_3)]\Delta W+(l_3-l_2)\Delta W \tag{5-47}$$

结合前面的公式，可以推出：

$$W_t=[(l_2-l_1)+(l_4-l_3)]\Delta W+W-W_b=[(l_2-l_1)+(l_4-l_3)]\Delta W-W_b+W \tag{5-48}$$

式中，$[(l_2-l_1)+(l_4-l_3)]\Delta W-W_b$ 为常数项，所以测量出的裂缝宽度与真实裂缝宽度的对应关系是线性关系。

3）新公式

定义一个最大电流对比度 $MCR=I_{max}/I_{min}$，并令 $y=\{A,\ MCR\}$，其中 A 的含义与斯伦贝谢相同，均为电流异常面积。则由三维数值模拟结果可得：

$$\begin{cases} y=a+b\cdot W \\ \lg(y)=c-d\cdot\lg(R_m/R_{xo}) \end{cases} \tag{5-49}$$

式中，y 可以取电流异常面积 A 或最大电流对比度 MCR。

由以上两式变形为：

$$\begin{cases} W=p+q\cdot y \\ y=10^c\left(\dfrac{R_{xo}}{R_m}\right)^d \end{cases} \tag{5-50}$$

式(5-50)中的第一式中的 y 是在某个固定的 R_m/R_{xo} 下的 MCR 或 A，计为 y_0，即：

$$y_0=10^c\left(\frac{R_{xo}}{R_m}\right)^d=10^c\ (\text{const})^d \tag{5-51}$$

对于其他 R_m/R_{xo} 情况下的 y_0 可得：

$$\frac{y_0}{y}=\frac{10^c\ (\text{const})^d}{10^c\left(\dfrac{R_{xo}}{R_m}\right)^d}=Q\left(\frac{R_m}{R_{xo}}\right)^d$$

$$\Rightarrow y_0=Qy\left(\frac{R_m}{R_{xo}}\right)^d \tag{5-52}$$

综合上面各式可得到在任何 R_m/R_{xo} 下的裂缝张开度定量评价公式：

$$W=p+qQy\left(\frac{R_{m}}{R_{xo}}\right)^{d} \tag{5-53}$$

写成一般形式：

$$W=a+b\cdot y\cdot\left(\frac{R_{m}}{R_{xo}}\right)^{d} \tag{5-54}$$

式中，$y=\{\mathrm{MCR}, A\}$，即 y 可以取 MCR 和 A 中的任一个。

4）定量参数

（1）加权算术平均宽度：

$$W_{a}=\frac{\sum_{i=1}^{n}L_{i}W_{i}}{\sum_{i=1}^{n}L_{i}} \tag{5-55}$$

式中，W_i 为井壁电阻率成像测井图像上某一裂缝的第 i 段的宽度，mm；L_i 为井壁电阻率成像测井图像上某一裂缝的第 i 段的长度，mm。

（2）加权水动力平均宽度：

$$W_{ah}=\sqrt[3]{\frac{\sum_{i=1}^{n}L_{i}W_{i}^{3}}{\sum_{i=1}^{n}L_{i}}} \tag{5-56}$$

算术平均宽度仅仅是裂缝物理尺寸的简单平均，而水动力平均宽度则考虑了裂缝尺寸对流体流动特性的影响，在一定程度上代表了裂缝的渗透能力，是一个较有意义的指标。从式(5-56)可以看出，要准确地计算裂缝的宽度必须准确地选择 R_m 和 R_{xo}，这就是在进行裂缝宽度计算前要对井壁电阻率成像测井资料进行电阻率刻度的原因。

2. 评价裂缝发育程度的其他参数

1）裂缝长度

裂缝长度计算公式如下：

$$F_{e}=\frac{1}{2\pi RHC}\sum_{i}L_{i} \tag{5-57}$$

式中，F_e 为描述井段内每单位面积的累计裂缝长度，m；R 为井眼半径，m；C 为井壁电阻率成像测井井眼覆盖率，其数值随着井眼半径的增大而减小，无量纲；L_i 为第 i 条裂缝的长度，mm。

2）裂缝密度

表示裂缝发育密度的方法较多，如体积密度、面积密度和线性密度。由于井壁电阻率成像测井裂缝解释的固有特点，裂缝密度一般用线性密度表示：

$$F_d = \frac{1}{H}\sum_i L_i \tag{5-58}$$

式中，F_d为视裂缝密度，条/m；H 为评价井段长度，m；$\sum_i L_i$ 为评价井段裂缝的总条数。

有时常用裂缝发育的平均间隔来描述裂缝的发育程度，其数值为 F_d的倒数。裂缝的密度在井斜较大时需要进行井斜校正：

$$F_{dc} = \sum_i \frac{1}{H|\cos\theta_i| + 2R|\sin\theta_I|} \tag{5-59}$$

式中，θ_i为第 i 条裂缝的视倾角，(°)。

3）视裂缝孔隙度

$$\varphi_f = \frac{\sum L_i W_I}{2\pi RCH} \tag{5-60}$$

实践证明，用井壁电阻率成像测井图像计算的视裂缝孔隙度仅有数量级上的准确性，误差较大，应慎用。

第 2 节 随钻电阻率成像测井解释方法

相比于电缆井壁电阻率成像测井处理流程，随钻电阻率成像测井不但要对钻后数据进行处理，还要对钻进过程进行控制。图 5-20 给出了详细的处理流程。对于钻进过程中的处理，首先将压缩的测量数据传输到地面，然后在地面进行实时处理。因为随钻电阻率成像测井在钻进过程中对界面具有一定的识别能力，因此，为了使仪器钻进方向处于“甜点”中，实时监测地层界面是有必要的。同时，在第 4 章中提到，随钻电阻率成像测井可以计算仪器与地层的夹角，结合仪器方位陀螺仪测量的地层信息，对钻进方向实现控制。同时，如果数据传输技术成熟，可以将井下成像数据的 64 个扇区或者 128 个扇区数据进行实时成像，这样可以十分直观地观察到井壁的各种地质构造，可以实现实时地质导向。

对于钻后数据的处理与电缆井壁电阻率成像测井十分类似，不同的是，随钻电阻率成像测井测量模式多，不但要对纽扣电极测量的成像数据进行处理，还要对侧向电阻率和钻头电阻率进行处理。其中，侧向电阻率主要用于含油性评价，而钻头电阻率则成为准确确定下套管位置的依据。此外，常规的井壁电阻率成像测井由于贴井壁测量，因此受到测量环境的影响较小；而在随钻电阻率成像测井中，为了减小测量过程中对仪器的磨损，纽扣电极和螺绕环并不是完全贴靠在井壁上的，因此需要进行井眼校正、围岩校正和侵入校正，使得测量结果尽可能接近地层的真实电阻率。在环境校正后，对于侧向电阻率曲线和钻头电阻率曲线，即可进行常规电阻率曲线处理，同时将不同方位的纽扣电极的电阻率转换为侧向电阻率曲线，最后则是对成像数据进行处理，主要有深度及加速度校正、数据归一化、坏电极校正。在此基础上，可将成像数据进行刻度，对刻度的数据进行图像加强处理后，即可根据成像图对地质构造进行拾取，最后则是对这些地质构造参数进行计算。

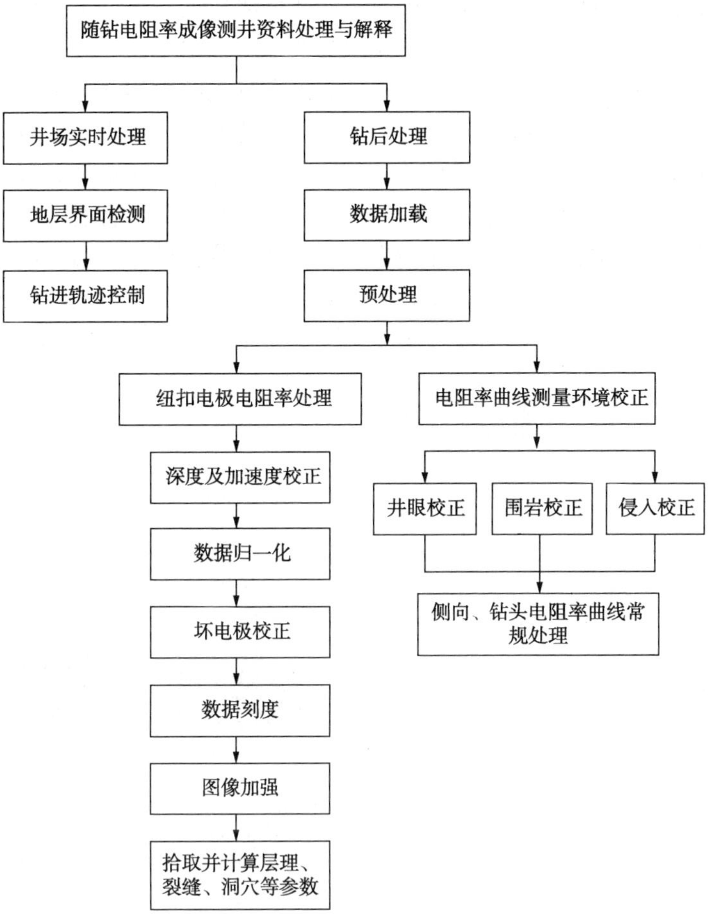

图 5-20　随钻电阻率成像测井解释流程

本节着重介绍钻进过程中的地层界面检测，钻后处理中的环境校正流程和裂缝及洞穴参数的求取模型，为随钻电阻率成像测井资料解释提供理论依据。

一、环境影响与校正

随钻电阻率成像测井在扣除仪器结构和趋肤效应校正后，还受到外界环境的影响，主要包括井眼尺寸、泥浆电阻率、目的层厚度、围岩电阻率和侵入的影响。地层视电阻率可以表达为 $R_a=f(D_h, R_m, R_S, H, R_{xo}, D_i, R_t, \cdots)$，其中 D_h 为井眼直径，R_m为泥浆电阻率，R_S为围岩电阻率，H为目的层厚度，R_{xo}为侵入带电阻率，D_i为侵入带直径，R_t为原状地层电阻率。传统的电法测井获得真电阻率的方法一般是通过电阻率反演，常见的反演方法有最大熵法（MEM）、Gauss-Newton 法、Levenberg-Marquardt 法和变形的 Born 迭代法。其反演大多基于一维或者二维正演模型，而对于三维问题，传统的反演方法在反演速度、精度上难以满足井场快速解释需求，则需要依靠校正图版来获取真实地层电阻率。

传统校正图版粗糙且不方便，当采样点落在校正图版曲线上时，直接利用人工读值；当采样点落在曲线之间时，估计读值，此方法速度慢、精度低。以正演的校正图版为基础，用一种快速有效的插值方法，称之为拉格朗日插值法，又称"内插法"。基于拉格朗日插值算法开发了一套有效的环境校正方法，校正图版可封装于校正软件中，可以满足井场需求。采样点落在校正图版曲线上时，可以直接计算校正量；当采样点落在曲线之间时，利用拉格朗日插值法插值计算校正量。以井眼校正为例，算法的流程图见图 5-21，围岩校正和侵入校正流程类似。

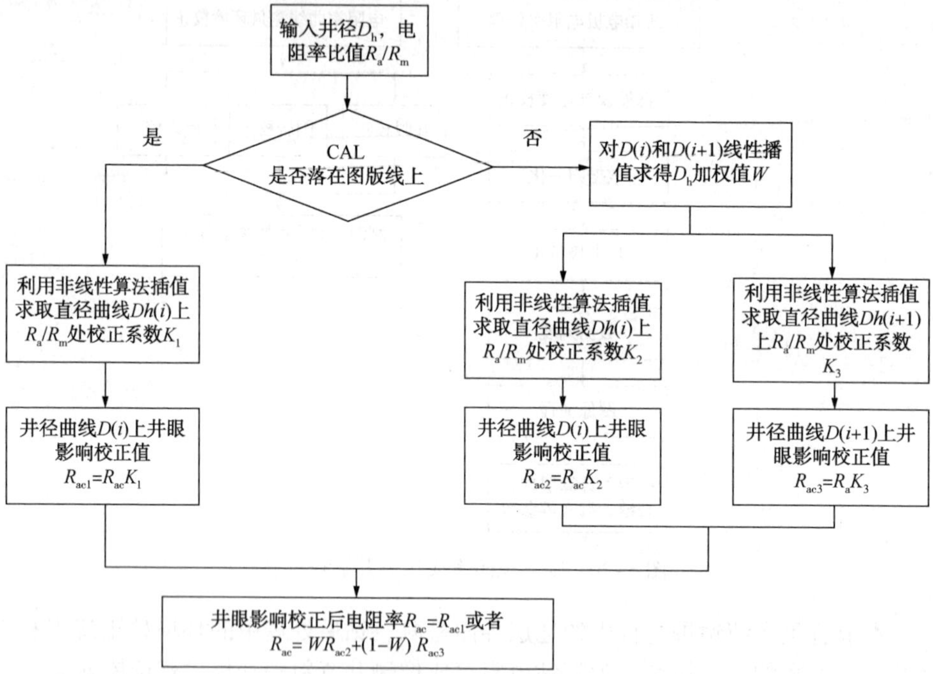

图 5-21　井眼校正图版使用流程

对于井眼校正，根据图版的使用方法，可知输入参数分别为不同模式测量的视电阻率、井径大小及泥浆电阻率，输出参数为校正后的电阻率值。对于围岩校正，输入参数为井眼校正后的视电阻率、分层厚度及围岩电阻率，输出参数为校正后的电阻率值。其中，分层是根据自然伽马或者自然电位测井曲线来分层的，每层取电阻率的平均值。需要注意的是，对于斜井在进行围岩校正时，使用的图版为不同井斜角度下制作的围岩校正图版。对于侵入校正，输入的参数为经过井眼校正和围岩校正后的侧向电阻率、纽扣电阻率转化后的视电阻率值以及冲洗带电阻率值，输出的是地层真实电阻率和侵入带半径。校正顺序是先进行井眼校正，然后进行围岩校正和侵入校正。

1. 井眼的影响与校正图版

和电缆测井类似，随钻测井在测量过程中仍然会受到井眼、围岩和泥浆侵入等测量环境的影响。前人计算井眼校正图版时，计算模型中井眼在纵向上无限长，这在电缆测井中没有问题，但随钻测井中井眼在钻头处应当截断。因此，在模拟中考虑了井眼和钻杆在钻头处截断和无限长两种情况。计算井眼校正图版时，暂不考虑围岩和泥浆侵入的影响。

模拟时泥浆电阻率 $R_m = 1\Omega \cdot m$，井眼直径 D_h 从 8in 到 16in 变化。图 5-22 为井眼在钻头处截断时的校正图版，图(a)(b)(c)(d)分别代表 B1、B2、R2 和 R3

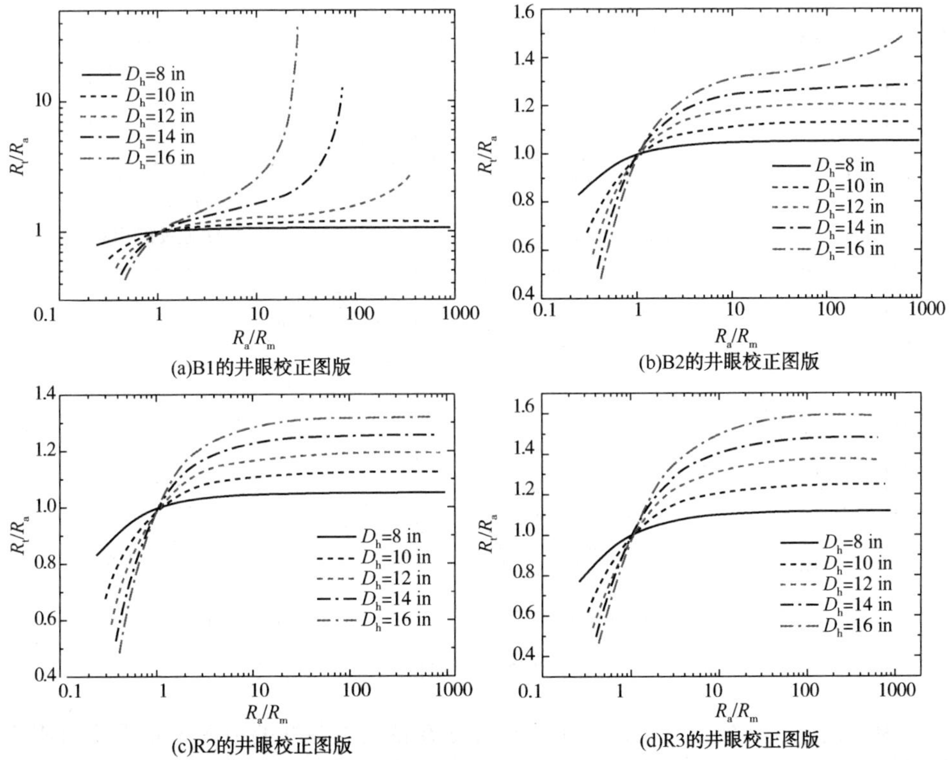

(a)B1的井眼校正图版　(b)B2的井眼校正图版

(c)R2的井眼校正图版　(d)R3的井眼校正图版

图 5-22　井眼校正图版(井眼在钻头处截断)

的井眼校正图版。可以看出，井眼直径越大，井眼校正系数越大。当 $R_a/R_m>1$ 时，在固定井眼尺寸下，视电阻率受到井眼的影响比较稳定(B1、B2 井眼尺寸较大时，不满足此规律)。B1 由于距离发射螺绕环较近、探测深度较浅，因此校正系数较大。同理，在相同井眼直径条件下，B2 的井眼校正系数大于 R2，R3 的井眼校正系数大于 R2。

当井眼在钻头处未截断时，从图 5-23 中可以看出，井眼校正图版和电缆侧向测井的井眼图版十分类似。与图 5-22 对比发现，当 $R_a/R_m<1$ 时，各个测量模式的井眼校正量均大于井眼在钻头截断时的校正量，这也从另外一个角度说明了随钻电阻率优势，即其受到的井眼影响要小于电缆测井。同时，当 $R_a/R_m>1$，随着其比值的增大，纽扣电极 B2 和侧向测量 R2 校正系数有所降低，B1 和钻头测量的井眼校正系数明显大于图 5-22(d)的校正系数。

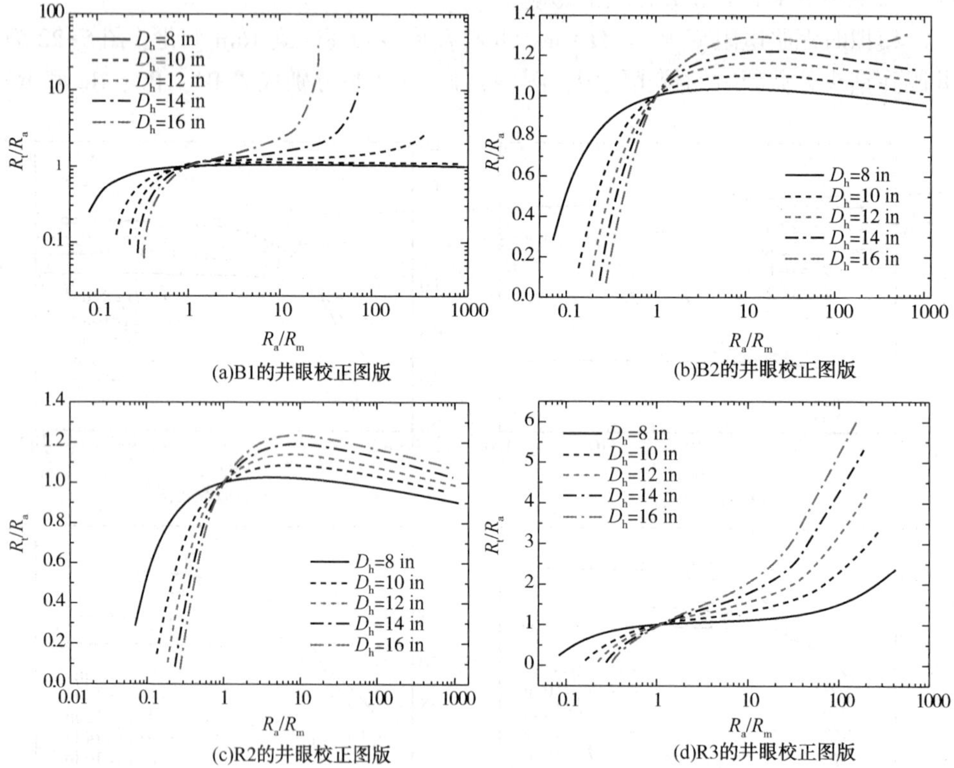

图 5-23　井眼校正图版(井眼在纵向上无限长)

为了接近真实的钻井情况，下面以井眼在钻头处截断的情况考察泥浆电阻率的影响，分别选取地层电阻率 $R_t=1\Omega\cdot m$[见图 5-24(a)]和 $R_t=100\Omega\cdot m$[见图 5-24(b)]两种情况进行对比分析。泥浆电阻率 R_m 取值从 $0.1\Omega\cdot m$ 到 $5\Omega\cdot m$ 变化，从图 5-24(a)中可以看出，对于低阻层，随着泥浆电阻率的增大，井眼校正系数(R_t/R_a)逐渐减小，校正量先减小后增大。同理，从图 5-24(b)中可以看出，对于高阻层，随着泥浆电阻率的增大，井眼校正系数(R_t/R_a)变化较小，影响视电阻率的主要是井眼尺寸。所以，泥浆电阻率主要影响低阻地层，这与该类仪器适合于中高阻地层的结论是一致的。

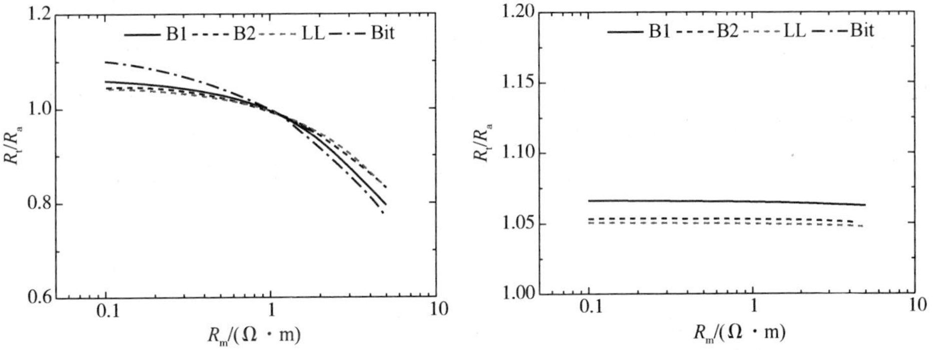

(a)地层电阻率为1Ω·m　(b)地层电阻率为100Ω·m

图 5-24　泥浆电阻率的影响

钻头测量模式可以用于油基泥浆的测量，但是实际测井资料显示，未经井眼校正的钻头电阻率与电磁波测井测得的电阻率相差 10 倍左右。因此，对钻头测量模式进行井眼校正显得尤为重要。图 5-25 为油基泥浆的井眼校正图版，模拟得到的校正图版系数存在 0.1 左右的情况，验证了上述说法的正确性。

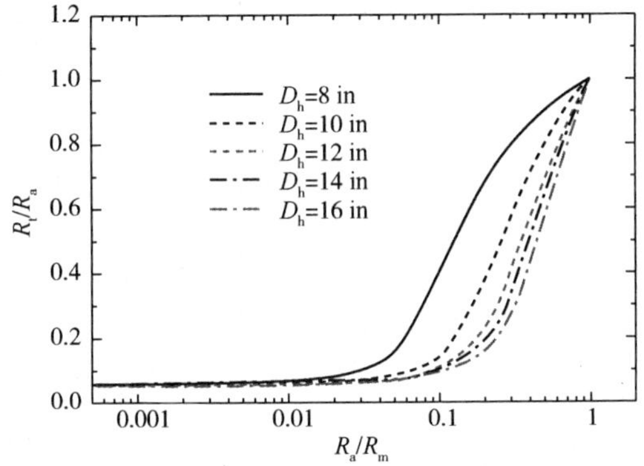

图 5-25　油基泥浆中钻头测量井眼校正图版

2. 泥浆侵入的影响与校正图版

在随钻测井测量过程中，泥浆不断渗入储集层会对视电阻率产生一定的影响。为了突出侵入对仪器测井响应的影响，暂忽略井眼和围岩的影响，建立了径向上两层地层模型，纵向侵入在钻头处截断。模拟中，侵入带电阻率 R_{xo} 为 10Ω·m，地层电阻率 R_t 为{0.5 1 5 10 50 100 500 1000}Ω·m，侵入带直径 D_i 从 11in(0.2794m)到 20in(0.508m)变化，地层电阻率与冲洗带电阻率比值 R_t/R_{xo} 从 0.05 到 100 变化。图 5-26 为真电阻率与视电阻比值(校正系数)与侵入带直径的关系，图(a)(b)(c)(d)分别对应纽扣电极 B1、B2、R2 和 R3。可以看出，当 R_t/R_{xo}<1(低阻侵入)时，随着侵入带直径的增大，校正系数逐渐减小，校正量逐渐增大，泥浆侵入对不同测量模式的影响接近。当 R_t/R_{xo}>1(高阻侵入)时，随着侵入带直径的增大，校正系数逐渐增大，校正量逐渐增大。泥浆侵入对不同测量模式的影响不同，B1 校正量较其他测量模式较大。当 R_t/R_{xo}=1(均匀地层)时，校正系数等于 1，视电阻与真电阻率相等，相当于没有泥浆侵入的影响。

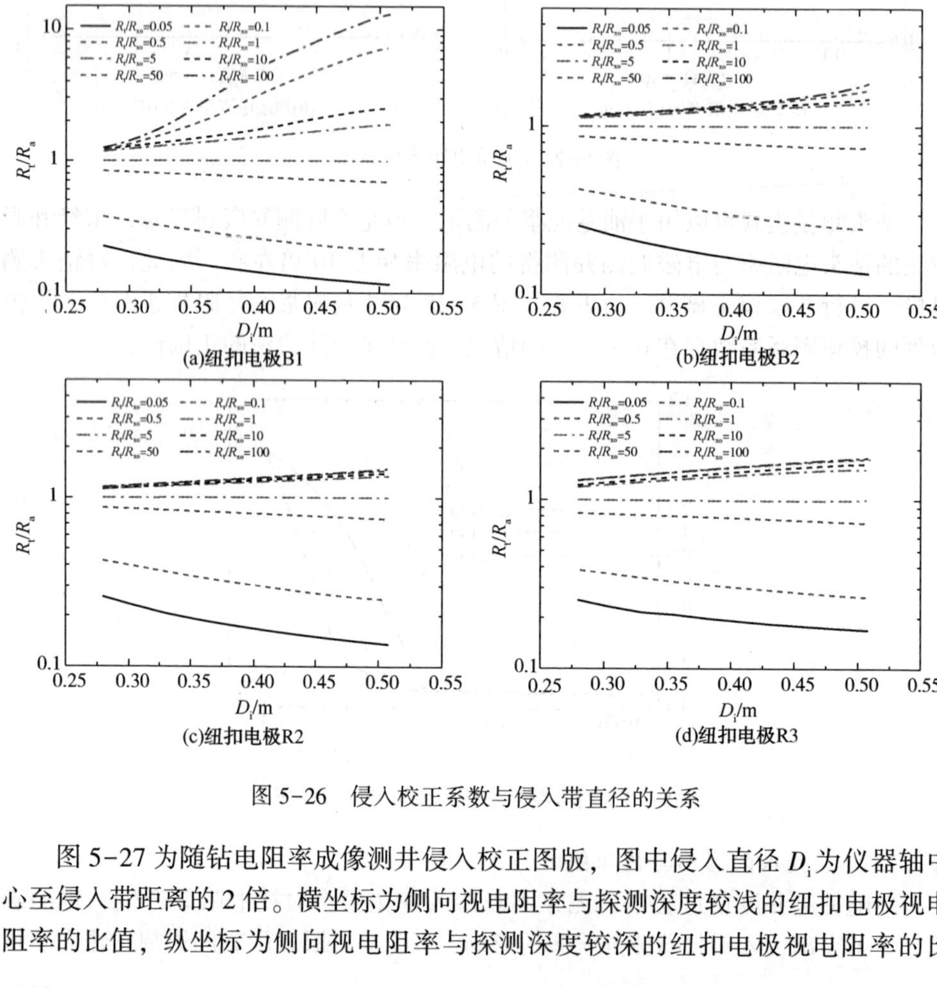

图 5-26 侵入校正系数与侵入带直径的关系

图 5-27 为随钻电阻率成像测井侵入校正图版，图中侵入直径 D_i 为仪器轴中心至侵入带距离的 2 倍。横坐标为侧向视电阻率与探测深度较浅的纽扣电极视电阻率的比值，纵坐标为侧向视电阻率与探测深度较深的纽扣电极视电阻率的比

值。侵入直径 D_i 变化范围为 11~20in。模型中侵入带电阻率 R_{xo} 为 1Ω·m，地层电阻率 R_t 变化范围为 0.2~1000Ω·m。当 $R_t/R_{xo}<1$ 时(泥浆高阻侵入)，视电阻率小于真实地层电阻率，不同侵入半径对地层视电阻率影响不大，其主要受冲洗带电阻率的影响。当 $R_t/R_{xo}=1$ 时(无井眼泥浆侵入影响)，视电阻率均等于真实地层电阻率。当 $R_t/R_{xo}>1$ 时(井眼泥浆低侵)，视电阻率大于真实地层电阻率，侵入半径和侵入带电阻率的影响都比较大。

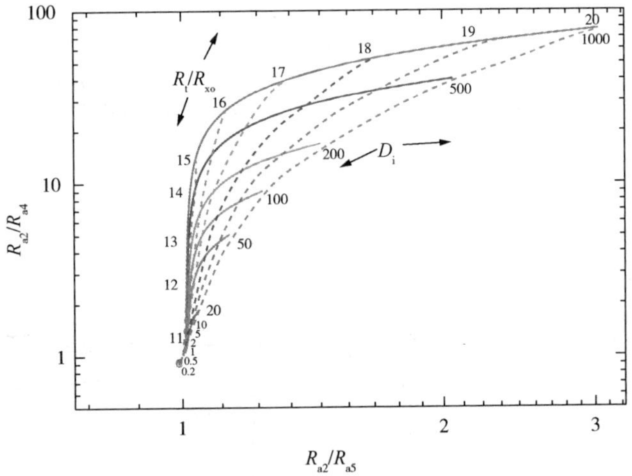

图 5-27　侵入校正图版

3. 围岩-层厚的影响与校正图版

随钻方位电阻率成像仪在测井过程中会受到纵向上介质变化的影响，主要包括围岩电阻率 R_s 和目的层厚度 H 两个方面。因而需要针对不同的围岩和层厚进行校正。计算围岩校正图版时，不考虑井眼的影响和泥浆的侵入影响。由于钻头电阻率测量属于定性分析，因此不需要对其进行围岩校正。图 5-28(a)和图 5-28(b)分别为围岩电阻率 $R_s=0.2\Omega\cdot m$ 时纽扣电极测量 B1、B2 的围岩校正图版。由于纽扣电极纵向分辨率高，受到围岩的影响较小，校正系数接近 1，所以在实际测井过程中不需要对其进行围岩校正。而对于深侧向 R2 而言，图 5-29(a)和图 5-29(b)分别选取了 $R_s=0.2\Omega\cdot m$ 与 $R_s=10\Omega\cdot m$ 的结果。在图 5-29(a)中，由于 $R_t\geqslant R_s$，所以校正系数均大于等于 1；当地层厚度 H 大于 0.5m 时，校正系数接近 1，视电阻率与地层真电阻率几乎相等，这与 R2 纵向分辨率为 0.5m 的结论一致。在图 5-29(b)中，当 $R_t=R_s$(无围岩影响)时，围岩校正系数等于 1；当 $R_t<R_s$ 时，围岩校正系数小于 1；当 $R_t>R_s$ 时，围岩校正系数大于 1。同时注意到，目的层为高阻时受围岩的影响较目的层为低阻时小。

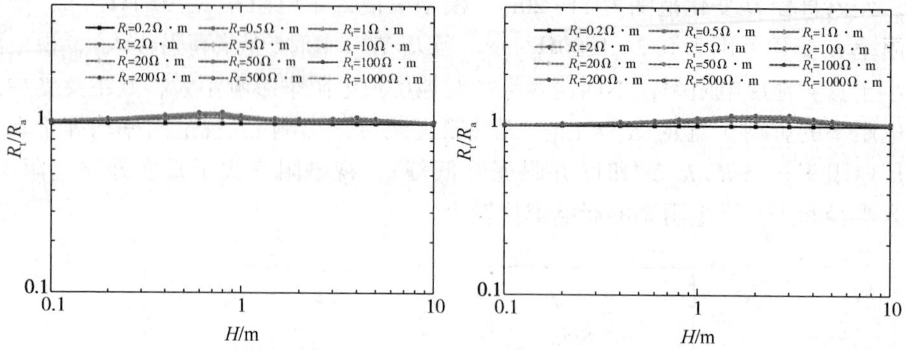

(a)R_s=0.2Ω · m时纽扣电极B1的围岩校正图版　　(b)R_s=0.2Ω · m时纽扣电极B2的围岩校正图版

图 5-28　纽扣电极测量围岩校正图版

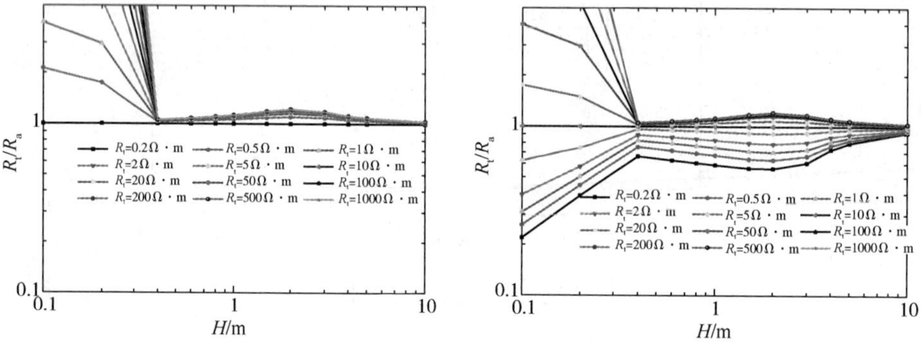

(a)R_s=0.2Ω · m　　(b)R_s=10Ω · m

图 5-29　侧向测量围岩校正图版

二、地层界面识别

1. 仪器与界面距离计算模型

由图 3-20 中 D_E 参数及仪器与界面距离 Z 的关系可知，利用随钻电阻率成像测井的方位性差异可以判断仪器与界面平行时二者的距离，对应的实际钻井情况就是水平井中的水平界面。以纽扣电极 B1 为例，对图 3-20 中地层界面上下地层电阻率对比度 R_{t2}/R_{t1} 为 10、100、1000 三种情况，采用同一公式拟合边界探测参数 D_E 与界面距离 Z 的关系得到图 5-30。可以看出，二者呈现出较好的幂指数关系。

对图 5-30 的关系进行拟合，得到：

$$D_E = 14.1 \cdot Z^{-1.08} - 7.35 \tag{5-61}$$

由式(5-61)可以得到仪器与界面距离的计算模型：

$$Z = 11.62 \cdot (D_E + 7.35)^{-0.93} \tag{5-62}$$

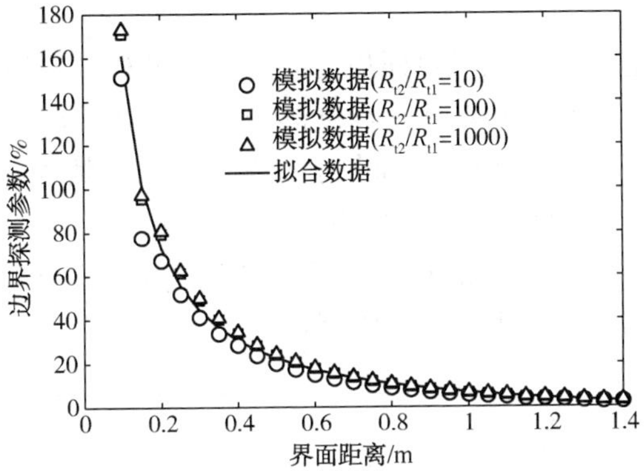

图 5-30　D_E与界面距离 Z 的关系

表 5-1 为利用上述模型计算地层对比度 R_{t2}/R_{t1} 为 10 时得到的仪器与界面距离与理论模型之间的误差。可以看出，二者相对误差较小，最大相对误差小于 10%，说明利用模型得到的计算值可满足实际判断需求。同时，当仪器距离界面大于 1m 时，虽然理论计算误差很小，事实上由于 D_E随着 Z 的增大变化较小，因此导致利用模型得到的 Z 误差可能会增大。综合考虑，该模型适合检测地层界面与仪器距离小于 1m 的情形。理论上，利用该模型可及时判断出地层界面的存在，降低井眼轨迹与储层位置的相对不确定性，有助于现场工程师实时调整井眼轨迹，使仪器处于地层中的最佳位置。

表 5-1　水平界面距离相对误差分析

Z 理论/m	D_E/%	Z 模型计算值/m	相对误差/%
0. 10	172. 88	0. 094	6. 00
0. 20	80. 64	0. 183	8. 50
0. 30	49. 77	0. 273	9. 00
0. 40	34. 30	0. 366	8. 50
0. 50	24. 25	0. 474	5. 20
0. 60	18. 03	0. 581	3. 17
0. 70	13. 82	0. 687	1. 86
0. 80	10. 68	0. 798	0. 25
0. 90	8. 41	0. 904	0. 44
1. 00	6. 72	1. 005	0. 50
1. 10	5. 57	1. 087	1. 18
1. 20	4. 57	1. 173	2. 25
1. 30	3. 49	1. 280	1. 54

2. 仪器与界面夹角计算模型

在斜度井中，定义距离地层界面最近的纽扣电极和最远的纽扣电极在靠近地层界面时获得的测井曲线犄角在测量深度的距离，即犄角间距离为 D_{max}，提取图 3-22 中不同夹角 θ 下纽扣电极 1 和纽扣电极 3 的曲线的犄角间距离，建立 D_{max} 与不同夹角 θ 的关系。从图 5-31 中可以看出，随着夹角 θ 的增大，D_{max} 依次减小，二者呈幂指数关系。当夹角为 2.5°时，模拟的 M_D 可达 3.75m，而当夹角大于 20°时，M_D 数值较小且随着夹角增大变化较小。

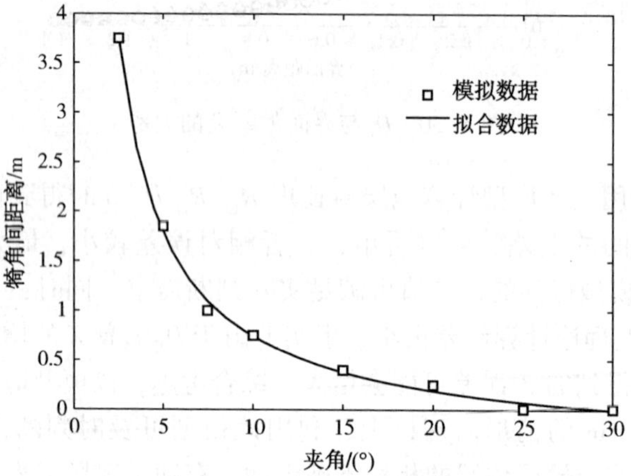

图 5-31　仪器与地层夹角和 Dmax 的关系

对模拟数据进行拟合，得到：

$$D_{max}=9.72\cdot\theta^{-0.92}-0.43 \tag{5-63}$$

由式(5-63)可以得到地层界面与仪器夹角计算模型：

$$\theta=11.9\cdot(D_{max}+0.43)^{-1.09} \tag{5-64}$$

表 5-2 为利用上述计算模型计算得到的夹角与理论模型之间的误差。可以看出，当夹角小于 20°时，由模型得到的夹角与理论模型十分接近，除个别数据点外，大部分相对误差小于 3%；而当夹角大于 20°时，计算误差较大。从图 5-31 也可以看出，当夹角过大时，得到的 D_{max} 很小且相差不大，此时不适合用此模型来计算夹角。因此，该模型适合夹角小于 20°的情形。需要注意的是，虽然计算模型是在斜度井中得到的，但是此模型适用于所有仪器与界面斜交的情况。同时，由于纽扣电极距离钻头仍有一定距离，实时计算得到的仪器与地层夹角是在钻头即将穿过或者已经穿过地层的情况下获得的，因此，仪器与界面的夹角模型适用于钻后测井资料的二次解释处理。同时应该注意，这一特点也限制了该模型的适用范围。

表 5-2　夹角模型相对误差分析

θ 理论值/(°)	D_{max}/m	θ 模型计算值/(°)	相对误差/%
2.50	3.75	2.505	0.20
5.00	1.85	4.847	3.06
7.50	1.00	8.054	7.39
10.00	0.75	9.926	0.74
15.00	0.40	14.554	2.97
20.00	0.25	18.076	9.62
25.00	0.01	29.005	16.02
30.00	0.01	29.005	3.32

三、裂缝参数评价

利用测井资料定量计算裂缝参数的方法较多，例如深浅侧向测井组合法、斯通利波法、神经网络法和井壁电阻率成像法等。根据所需解释的区块实际测井资料，如有随钻电阻率成像测井资料，则应优先选用其进行裂缝参数的计算。

定量描述裂缝的参数主要有产状、张开度、密度和孔隙度。利用电阻率成像资料很容易计算出裂缝密度和裂缝孔隙度，而裂缝张开度的计算模型会因为测量方法和仪器的差别而不同，需要通过正演模型建立，同时裂缝产状的计算精度与仪器成像质量有关。

由于裂缝的存在，测量电流在裂缝中心处形成异常，斯伦贝谢 S. Mluthi 和 P. Souhaite 引入裂缝处异常处电流面积积分 A 这个概念，分析其与裂缝张开度的关系。除了上述异常电流面积的概念外，还可以用最大电流对比度分析裂缝的存在引起的测量电流的变化。定义裂缝中心处最大电流为 I_{max}，背景地层处最小电流为 I_{min}，二者比值的大小反映出测量信号的变化幅度，称为最大电流对比度。

建立不同倾角的单裂缝模型，通过改变裂缝张开度来进一步定量研究裂缝张开度与最大电流对比度之间的关系。模型中，裂缝倾角 θ 从 0°到 85°变化，裂缝张开度 W 从 0.1mm 到 1mm 变化，裂缝电阻率和泥浆电阻率为 1Ω · m，背景地层电阻率为 100Ω · m。

图 5-32 为模拟结果，可以看出，对于不同倾角的单裂缝，随着裂缝张开度的增大，I_{max}/I_{min} 不断增大，不同裂缝倾角均呈现出较强的线性关系，可以表达为 $I_{max}/I_{min}=a+b \cdot W$，其中，$a$、$b$ 为常数。当裂缝张开度小于 0.2mm 时，不同裂

缝倾角对应的最大电流对比度变化较小；而当裂缝张开度大于 0.2mm 时，裂缝张开度越大，裂缝倾角对最大电流对比度的影响越大。

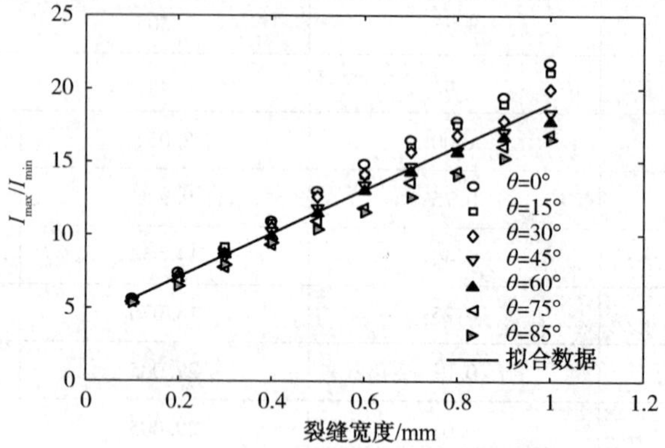

图 5-32　最大电流对比度与裂缝张开度关系

利用同一线性公式对不同裂缝倾角下裂缝张开度和最大电流对比度进行拟合，拟合误差见表 5-3。可以看出，裂缝张开度越大，拟合误差越大。

表 5-3　最大电流对比度模拟值与拟合值相对误差

W/mm	相对误差/%						
	0°	15°	30°	45°	60°	75°	85°
0.1	2.35	0.49	1.12	1.06	0.60	0.93	2.15
0.2	5.36	5.29	2.64	2.57	0.05	2.47	7.58
0.3	4.80	4.71	1.99	1.91	1.29	9.64	7.40
0.4	6.76	6.66	2.84	2.74	2.54	8.98	7.36
0.5	8.52	8.39	6.03	5.91	3.05	8.15	14.04
0.6	10.44	10.30	6.14	6.00	1.90	12.13	14.71
0.7	10.35	10.19	5.80	5.65	3.28	8.72	17.18
0.8	10.01	9.83	4.94	4.78	2.35	11.71	13.67
0.9	10.72	10.53	2.85	2.68	3.85	7.93	13.59
1	13.01	12.80	5.25	5.07	6.44	12.23	14.26

为了减小拟合误差，采用了分段拟合，将裂缝倾角分为 3 段，分别是 0°～30°、30°～60°、60°～85°。从图 5-33 可以看出，不同段拟合效果较好。

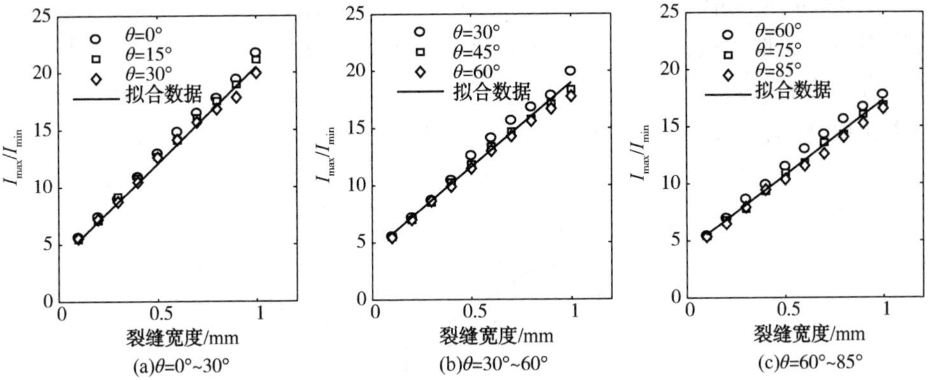

图 5-33　最大电流对比度与裂缝张开度关系(分段)

同样地，从不同裂缝倾角下最大电流对比度的模拟值与拟合值相对误差(见表 5-4)可以看出，采用分段拟合方法可以有效降低拟合误差。

表 5-4　最大电流对比度模拟值与分段拟合值相对误差

W/mm	相对误差/%						
	0°	15°	30°	45°	60°	75°	85°
0.1	1.36	1.51	0.11	0.70	0.98	0.29	0.91
0.2	2.37	2.30	0.44	1.70	0.84	0.74	4.21
0.3	0.16	0.06	2.79	0.90	0.28	4.39	2.25
0.4	1.66	1.55	2.48	2.22	3.09	2.60	1.07
0.5	1.56	1.43	1.12	4.84	4.23	0.07	5.37
0.6	3.16	3.01	1.50	4.20	3.86	2.60	4.96
0.7	2.48	2.32	2.47	4.87	4.14	0.65	7.08
0.8	2.21	2.03	3.30	4.24	2.94	2.47	4.27
0.9	3.48	3.29	5.03	3.36	3.12	0.35	4.88
1	3.66	3.45	4.93	6.12	5.26	1.22	3.05

虽然随钻电阻率成像测井仪器纽扣电极距离井壁距离很近，但是井筒中仍然存在泥浆，同时泥浆侵入裂缝，使得测量范围内裂缝中充满了泥浆。为了定量研究泥浆电阻率和背景地层电阻率对比度对成像结果的影响，建立了水平单一裂缝模型。模型中，泥浆电阻率和裂缝电阻率 R_m 从 0.1Ω·m 到 20Ω·m 变化，背景地层电阻率 R_b 为 100Ω·m，裂缝张开度 W 为 1mm。

图 5-34 为模拟结果，可以看出，对于不同倾角的单裂缝，随着裂缝与背景地层电阻率比值的增大，I_{max}/I_{min}逐渐减小，在双对数坐标系下呈现出线性关系，可以表达为$I_{max}/I_{min}=c(R_m/R_b)^d$，其中，$c$、$d$ 为常数。同时，裂缝与背景地层电阻率比值越小，不同倾角下获得最大电流对比度差异越大。

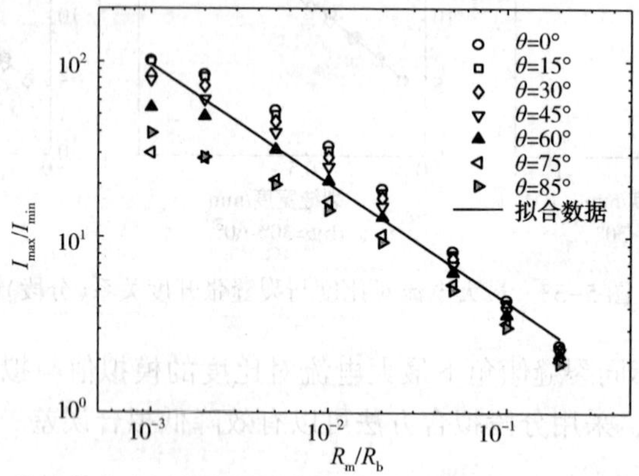

图 5-34 最大电流对比度与裂缝-地层电阻率对比度的关系

利用同一线性公式对不同裂缝倾角下裂缝与背景地层的比值和最大电流对比度进行拟合，拟合误差见表 5-5。可以看出，当裂缝倾角越大时，拟合误差越大，最大相对误差大于 100%。

表 5-5 最大电流对比度模拟值与拟合值相对误差

R_m/R_b	相对误差/%						
	0°	15°	30°	45°	60°	75°	85°
0.001	31.07	30.93	16.71	10.82	27.60	130.69	77.85
0.002	30.86	29.43	20.39	4.83	18.43	104.30	101.62
0.005	29.20	25.32	18.26	5.98	17.68	74.62	85.48
0.01	26.50	22.53	15.44	4.27	15.24	50.93	69.17
0.02	22.99	19.07	13.97	3.99	11.14	40.20	54.11
0.05	17.83	14.53	10.37	2.71	7.45	25.49	34.79
0.1	13.35	10.01	6.98	2.49	4.00	16.73	22.54
0.2	8.97	6.07	4.52	2.49	1.65	10.56	14.19

类比上述方法，分段拟合了最大电流对比度和裂缝与地层电阻率比值的关系（见图 3-35）。可以看出，相比于图 5-34，分段拟合效果更好。

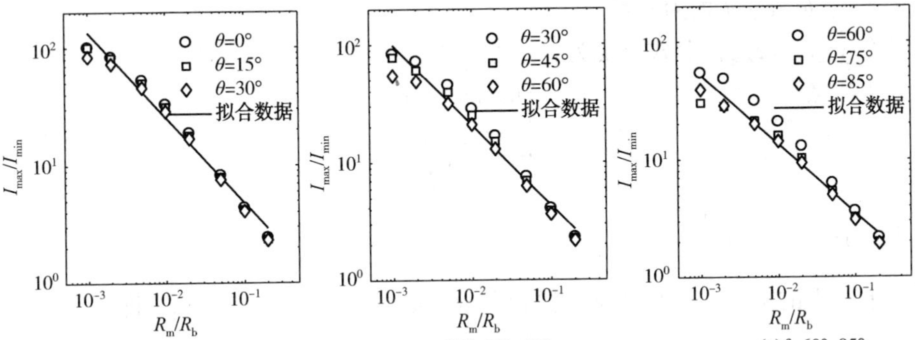

(a)θ=0°~30°　(b)θ=30°~60°　(c)θ=60°~85°

图 5-35　最大电流对比度与裂缝-地层电阻率对比度的关系(分段)

表 5-6 列出了不同裂缝倾角模拟值与分段拟合值相对误差，除个别数据点外，整体误差远远小于表 5-6 所列数据。同时，通过误差分析发现，当 R_m/R_b 较大，裂缝倾角较小时，拟合效果较好。

表 5-6　最大电流对比度模拟值与拟合值相对误差(分段)

R_m/R_b	相对误差/%						
	0°	15°	30°	45°	60°	75°	85°
0.001	5.82	5.62	13.81	7.68	24.32	36.84	5.49
0.002	5.06	3.09	9.31	0.03	27.76	24.61	22.98
0.005	6.19	1.05	8.30	1.70	23.05	14.18	21.28
0.01	6.07	0.99	8.07	1.24	18.51	6.73	19.63
0.02	5.11	0.28	6.00	0.67	16.20	5.70	16.19
0.05	4.07	0.21	4.65	0.31	11.55	3.30	10.95
0.1	3.52	0.20	3.57	0.47	8.68	2.50	7.60
0.2	2.58	0.52	2.18	0.64	6.35	1.86	5.20

由于电缆测井发展较早，因此现有的裂缝张开度解释模型均是建立在井壁电阻率测井仪器基础上的。井壁电阻率成像测井资料应用结果显示，一个张开度为 0.1mm 的裂缝在图像上显示的张开度可能要远远高于实际，因此无法做到用电阻率成像测量电极直接探测裂缝的张开度，需要利用正演方法来建立解释模型。由上述正演结果可知，对于单条确定倾角的裂缝满足：

$$\begin{cases} I_{max}/I_{min}=a+b\cdot W \\ I_{max}/I_{min}=c\cdot\left(\dfrac{R_m}{R_b}\right)^d \end{cases} \tag{5-65}$$

式中，a、b、c、d 均为常数。

令 $y=I_{max}/I_{min}$，上式可变为：

$$\begin{cases} W=p+q\cdot y \\ y=c\cdot\left(\dfrac{R_m}{R_b}\right)^d \end{cases} \tag{5-66}$$

式中，$p=-\dfrac{a}{b}$，$q=\dfrac{1}{b}$。

上式中的第一式 y 是在某个固定的 R_m/R_b 下获得的，计为 y_0，即：

$$y_0=c\cdot\left(\frac{R_m}{R_b}\right)^d=c\cdot(\text{const})^d \tag{5-67}$$

式中，const 为常数。

对于其他 R_m/R_b 情况则有：

$$\frac{y_0}{y}=\frac{c\cdot(\text{const})^d}{c\cdot\left(\dfrac{R_m}{R_b}\right)^d}=Q\left(\frac{R_b}{R_m}\right)^d \tag{5-68}$$

$$y_0=Q\cdot y\cdot\left(\frac{R_b}{R_m}\right)^d \tag{5-69}$$

式中，Q 为常数。

综合上面各式可得到在任何 R_m/R_b 下的裂缝张开度定量评价公式：

$$W=p+q\cdot Q\cdot y\cdot\left(\frac{R_b}{R_m}\right)^d \tag{5-70}$$

式(5-70)中的常数 p、q、d、Q 是在固定裂缝倾角下通过三维正演模拟获得的。由上述模拟结果可知，在不同裂缝倾角下，这些常数各不相同。

在实际计算裂缝中，裂缝倾角变化较大，因此利用正演模拟确定所有裂缝倾角下的参数不切合实际。可将裂缝倾角分为 3 段即 0°~30°、30°~60°、60°~85°。这样可以简化计算，增加实际处理中的可操作性，但需要准确计算裂缝倾角。下一部分将分析影响裂缝产状计算的因素。

利用随钻电阻率成像测井图像可以定量计算裂缝的倾向和倾角等产状信息，随钻电阻率成像测井测量的井壁图像中裂缝展开图为一条完整的正弦曲线，二维图像从左到右依次为不同的方位。通过识别裂缝图像的波峰和波谷所在位置可确定裂缝的倾向，而通过计算该曲线的振幅(波峰和波谷纵向深度差)和井眼直径可以计算出裂缝的倾角。定义该正弦曲线的振幅为 h，井眼直径为 d，则裂缝的倾斜角 θ 为：

$$\theta=\arctan\frac{h}{d} \tag{5-71}$$

理论上讲，只要仪器周向采样点足够多，仪器纽扣电极分辨率足够高，得到的裂缝图像质量高，通过图像计算的裂缝产状和真实裂缝产状应该一致。但是在实际测量中，由于数据传输技术、仪器的测量精度和钻井成本等因素的制约，往往计算得到的裂缝产状与真实产状存在误差，详细的误差分析需要通过数值模拟来分析。本书主要从两个方面来考察，即两组成像分辨率不同的纽扣 B1、B2 和不同的采样率(采集扇区从 128 扇区减少至 16 扇区)，模拟了网状裂缝图像，裂缝倾角分别为 15°、30°、45°、60°、75°。裂缝电阻率为 1Ω·m，背景地层电阻率为 100Ω·m，纽扣电极 B1、B2 的直径分别为 10mm、25mm。

利用模拟数据分别绘制了 128 扇区、64 扇区、32 扇区、16 扇区的网状裂缝图像，从图 5-36 中可以看出，随着扇区的减小，裂缝正弦形状越来越模糊，分辨率逐渐降低，由完整的曲线逐渐变为锯齿状，最后变为阶梯状图像。同时，扇区的减小导致裂缝图像处理时，识别裂缝正弦曲线轨迹难度增大，对反演裂缝倾角影响较大。由于纽扣电极 B1 分辨率高于纽扣电极 B2，因此 B2 较 B1 更易受到采样率的影响。

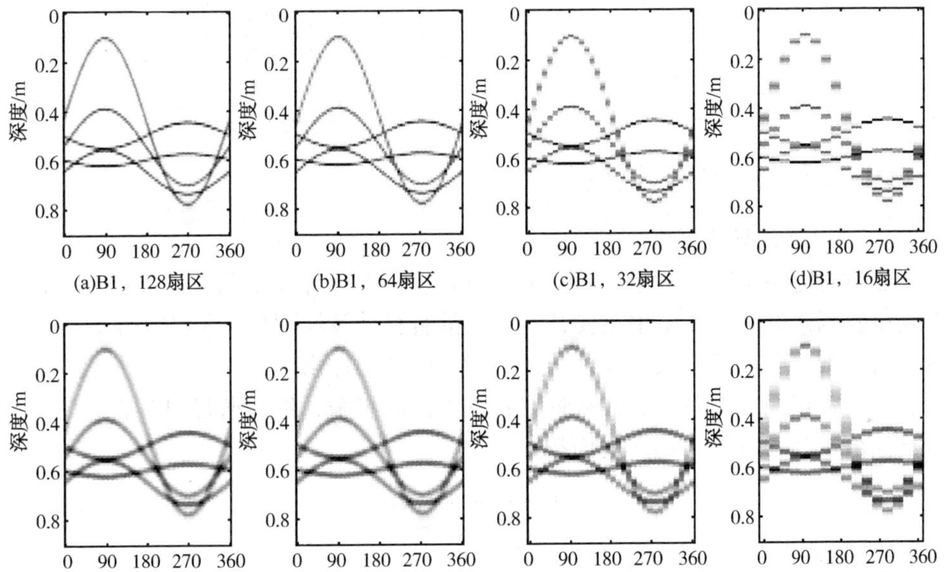

图 5-36 不同扇区多裂缝成像结果

对上述模拟得到的电阻率图像进行反演处理可得到裂缝曲线的幅值 h，代入式(5-71)可以定量计算裂缝的倾角。但是这种直接通过裂缝最高峰和最低峰计算裂缝倾角的方法误差较大。在实际处理中，人们常选取裂缝图像的特征点，利用最小二乘法对裂缝正弦曲线方程进行拟合，进而求取裂缝图像的最高峰和最低峰，本书亦采用这种方法。

表5-7给出了128扇区、64扇区、32扇区、16扇区裂缝图像反演得到的裂缝倾角。可以看出，随着扇区的逐渐减小，计算得到的裂缝曲线幅度准确度逐渐降低。对于低倾角裂缝(裂缝倾角小于45°)而言，其反演得到的倾角值与真实倾角之间误差越来越大；而对于高角度裂缝(裂缝倾角小于45°)而言，扇区减小对其影响较小。同时注意到，成像分辨率较高的纽扣电极B1在同等扇区的情况下，获得的图像质量好于纽扣电极B2，因此，反演得到的倾角准确度要高于纽扣电极B2。

表5-7 不同扇区裂缝倾角反演值

裂缝倾角 θ/(°)	纽扣B1不同扇区反演值/(°)				纽扣B2不同扇区反演值/(°)			
	128扇区	64扇区	32扇区	16扇区	128扇区	64扇区	32扇区	16扇区
15	15.71	14.83	18.31	19.16	18.31	18.31	18.31	20.83
30	28.63	32.16	30.07	31.47	32.12	30.07	32.83	31.47
45	45.73	46.19	46.64	47.52	45.73	46.19	40.16	47.52
60	60.31	59.60	60.99	62.48	60.99	59.84	63.46	60.99
75	75.21	75.52	75.22	75.22	75.16	75.09	74.97	75.16

四、洞穴参数计算模型

1. 洞穴直径计算模型

通过对随钻电阻率成像测井资料进行处理，可以计算出洞穴的面孔率、洞穴直径以及洞穴的密度，本书主要针对洞穴的直径计算模型得到的成像结果进行分析。通常利用电流异常面积计算洞穴直径，即从图像出发，利用电阻率成像测井的静态图，按照灰度差将洞穴从骨架背景中提取出来，然后通过对其直方图得到分割阈值 T 后可计算出洞穴的面积 A 为：

$$A=\int_{T}^{\infty}H(D)\,\mathrm{d}D \tag{5-72}$$

式中，$H(D)$为灰度直方图；D为洞穴直径。

由于式(5-72)在求取洞穴处电流异常面积积分时往往误差较大，因此需要对模型进行改进。由上述模拟结果可知，洞穴处最大电流对比度 $I_{\max}/I_{\min}$ 与洞穴直径为线性关系，$I_{\max}/I_{\min}$ 与 R_m/R_b 呈幂指数关系。对上述关系进行拟合，可得到：

$$\begin{cases}I_{\max}/I_{\min}=a+b\cdot D\\ I_{\max}/I_{\min}=c\cdot\left(\dfrac{R_m}{R_b}\right)^{d}\end{cases} \tag{5-73}$$

式中，a、b、c 和 d 均为常数。

令 $y=I_{max}/I_{min}$，式(5-73)可变为：

$$\begin{cases} D=-\dfrac{a}{b}+\dfrac{1}{b}\cdot y \\ y=c\cdot\left(\dfrac{R_m}{R_b}\right)^d \end{cases} \tag{5-74}$$

y 是在固定的 R_m/R_b 下的获得的，计为 y_0，即：

$$y_0=c\cdot\left(\frac{R_m}{R_b}\right)^d \tag{5-75}$$

对于其他 R_m/R_b 情况则有：

$$\frac{y_0}{y}=\frac{c\cdot(\text{const})^d}{c\cdot\left(\dfrac{R_m}{R_b}\right)^d}=Q\left(\frac{R_b}{R_m}\right)^d \tag{5-76}$$

$$y_0=Q\cdot y\cdot\left(\frac{R_b}{R_m}\right)^d \tag{5-77}$$

式中，Q 为常数。

通过式(5-76)、式(5-77)可得到在任何 R_m/R_b 下的洞穴直径 D 定量评价公式：

$$D=-\frac{a}{b}+\frac{1}{b}\cdot Q\cdot y\cdot\left(\frac{R_b}{R_m}\right)^d \tag{5-78}$$

利用上述理论模型对图 3-50 中纽扣电极 B1 的模拟图像上的 4 个洞穴进行直径计算，表 5-8 给出了计算结果。可以看出，利用模型计算得到的洞穴直径更加接近真实值，当洞穴直径大于 25mm 时，计算得到的相对误差小于 3.2%，洞穴直径越大，模型得到的相对误差越小。新模型计算得到的洞穴直径结果表明，利用电流对比度评价洞穴直径模型效果较好。

表 5-8　洞穴直径计算结果

洞穴直径理论值/mm	洞穴直径计算值/mm	相对误差/%
10	12.2	22.0
25.4	24.6	3.15
50	51.3	2.60
100	98.8	1.20

2. 洞穴延伸度计算模型

由数值模拟结果中图 3-53(b)可知，洞穴延伸度 E_x 和测量信号 I_{max}/I_{min} 具有幂指数关系，对纽扣电极 B1 和 B2 进行洞穴延伸度 E_x 和测量信号 I_{max}/I_{min} 关系的拟合。纽扣电极 B1 拟合公式为 $I_{max}/I_{min}=15.24E_x^{0.6}$，纽扣电极 B2 拟合公式为 $I_{max}/I_{min}=13.80E_x^{0.605}$。对拟合公式进行简单的变换，即可得到大洞穴延伸度的理论计算模型。表 5-9 对比了模拟数据和上述公式计算得到数据的误差。可以看出，除了个别点，大部分数据点的误差在 5%以内，说明通过随钻电阻率成像测井获得正对洞穴方位的 I_{max}/I_{min}，应用到上述公式可以求取大洞穴的径向延伸度。通过理论计算不同大洞穴直径，可以得到不同洞穴直径对应的延伸度计算公式系数。此外，不同直径洞穴延伸度和测量信号关系的大量模拟论证了上述结论，但是值得注意的是，只有大洞穴直径介于 0.01m 和 0.05m 之间时，通过此模型计算得到的洞穴延伸度才更加准确。同时，洞穴延伸度模型适用条件为围岩电阻率和洞穴电阻率对比度较大的情况（$R_m/R_b>10$），特别适用于低阻的水基泥浆侵入洞穴、围岩电阻率为高阻的情况。

表 5-9　大洞穴延伸度和测量信号关系拟合公式误差分析

延伸度/m	纽扣电极 B1			纽扣电极 B2		
	I_{max}/I_{min} 模拟值	I_{max}/I_{min} 拟合值	相对误差/%	I_{max}/I_{min} 模拟值	I_{max}/I_{min} 拟合值	相对误差/%
0.02	1.594	1.461	8.367	1.464	1.291	11.872
0.04	2.227	2.213	0.635	1.866	1.964	5.219
0.06	2.639	2.822	6.955	2.447	2.511	2.609
0.08	3.244	3.354	3.383	2.861	2.988	4.468
0.10	3.711	3.834	3.300	3.340	3.421	2.421
0.15	4.751	4.888	2.899	4.151	4.373	5.343
0.20	5.729	5.809	1.394	5.004	5.206	4.038
0.25	6.590	6.640	0.762	5.758	5.959	3.498
0.30	7.402	7.407	0.071	6.707	6.655	0.776
0.35	8.214	8.124	1.091	7.334	7.306	0.373
0.40	9.003	8.801	2.247	8.164	7.922	2.969
0.45	9.655	9.445	2.177	8.921	8.507	4.631
0.50	10.413	10.061	3.386	9.575	9.068	5.299

参 考 文 献

[1] 张庚骥．电法测井[M]. 北京：石油工业出版社，1986.

[2] 楚泽涵，高杰，黄隆基，等．地球物理测井方法与原理，(上册)[M]. 北京：石油工业出版社，2007.

[3] Ekstrom M P，Dahan C A，Chen M Y，et al. Formation imaging with microelectrical scanning arrays[C]. SPWLA 27th Annual Logging Symposium. Society of Petrophysicists and Well-Log Analysts，1986：28(03).

[4] Arps J J. Inductive resistivity guard logging apparatus including toroidal coils mounted on a conductive stem：U. S，3305771[P]. 1967-2-21.

[5] Gianzero S，Chemali R，Lin Y，et al. A new resistivity tool for measurement while drilling [C]. SPWLA 26th Annual Logging Symposium，Dallas，Texas. Society of Petrophysicists and Well-Log Analysts，1985：SPWLA-1985-A.

[6] Lofts J. The history contribution and value proposition of logging while drilling (LWD)[J]. Petrophysics，2007，48(12)：434-435.

[7] 朱桂清，章兆淇．国外随钻测井技术的最新进展及发展趋势[J]. 测井技术，2008(05)：394-397.

[8] 张辛耘，王敬农，郭彦军．随钻测井技术进展和发展趋势[J]. 测井技术，2006(01)：10-15.

[9] 丁永浩，李舟波，马宏宇．随钻测井技术的发展[J]. 世界地质，2004(03)：270-274.

[10] 蔡建乐．关于螺绕环外磁场的讨论[J]. 益阳师专学报，1986(06)：59-63.

[11] 陈洪生．螺绕环的磁场[J]. 物理与工程，1988(02)：13-17.

[12] 雷桂林．螺绕环内外的磁场[J]. 甘肃教育学院学报(自然科学版)，1989(01)：70-72.

[13] Bonner S，Burgess T，Clark B，et al. Measurements at the bit：A new generation of MWD tools [J]. Oilfeld Review，1993，5：44-54.

[14] Bonner S，Bagersh A，Clark B，et al. A new generation of electrode resistivity measurements for formation evaluation while drilling[C]. SPWLA 35th Annual Logging Symposium，Tulsa，Oklahoma，USA.，1994：SPWLA-1994.

[15] Bonner S，Fredette M，Lovell J，et al. Resistivity while drilling-Images from the string[J]. Oilfield Review，1996，8(1)：4-19.

[16] Grupping T I F，Wagstaff J D. Recent performance of the dual-resistivity MWD Tool[J]. SPE formation evaluation，1990，5(02)：171-176.

[17] Allouche M，Chow S，Dubourg I，et al. High-resolution images and formation evaluation in slim holes from a new logging-while-drilling azimuthal laterolog device[C]. SPE EUROPEC/EAGE Annual Conference and Exhibition，Barcelona，Spain. Society of Petroleum Engineers，2010：SPE-131513-MS.

[18] Abdelaal A F，Ihab T M，Sayed R H，et al. High resolution logging while drilling，lateral well

resistivity and image interpretationa case study[C]. SPWLA 53rd Annual Logging Symposium, Cartagena, Colombia, USA. 2012: SPWLA-2012-140.

[19] Brekke H, MacEachern J. A, Roenitz T, et al. The use of microresistivity image logs for facies interpretations: an example in point-bar deposits of the McMurray Formation, Alberta, Canada [J]. AAPG Bulletin, 2017, 101(5): 655-682.

[20] Jackson C E, Heysse D R. Improving formation evaluation by resolving differences between lwd and wireline log data[C]. SPE Annual Technical Conference and Exhibition, New Orleans, Louisiana. Society of Petroleum Engineers, 1994: SPE-28428-MS.

[21] Schlumberger. RAB[EB/OL]. (2003-12)[2019-03-03]. http://www. slb. com. html.

[22] Schlumberger. GeoVISION[EB/OL]. (2007-05)[2019-03-03]. http://www. slb. com. html.

[23] Bargach S, Falconer I, Maeso C, et al. Real-time LWD: logging for drilling[J]. Oilfield Review, 2000, 12(3): 58-78.

[24] Van OS R, Dion D, Cheung P. Device and method of measuring depth and azimuth: U. S, 7873475[P]. 2011-01-18.

[25] Borghi M, Piani E, Barbieri E, et al. New logging-while-drilling azimuthal resistivity and high resolution imaging in slim holes[C]. Offshore Mediterranean Conference and Exhibition, Ravenna, Italy. Offshore Mediterranean Conference, 2011: OMC-2011-167.

[26] Koepsell R, Shim Y H, Kok J, et al. Advanced LWD imaging technology in the Niobrara-case study[C]. North American Unconventional Gas Conference and Exhibition, Woodlands, Texas. Society of Petroleum Engineers, 2011: SPE-143828-MS.

[27] Ortenzi L, Dubourg I, Os R V, et al. New Azimuthal Resistivity and High-Resolution Imager Facilitates Formation Evaluation and Well Placement of Horizontal Slim Boreholes[J]. Petrophysics, 2012, 53(3): 197-207.

[28] Halliburton. AFR TM Azimuthal Focused Resistivity sensor[EB/OL]. (2013)[2019-03-03]. http://www. halliburton. com. html.

[29] Mullen M J, Pitcher J L, Hinz D, et al. Does the presence of natural fractures have an impact on production? A case study from the Middle Bakken Dolomite, North Dakota[C]. SPE Annual Technical Conference and Exhibition, Florence, Italy. Society of Petroleum Engineers , 2010: SPE-135319-MS.

[30] Al-musharfi N, Nedal M, Bansal R, et al. Real time reservoir characterization and geosteering using advanced high-resolution LWD resistivity imaging[C]. SPE Annual Technical Conference and Exhibition, Florence, Italy. Society of Petroleum Engineers, 2010: SPE-133431.

[31] Prammer M G, Morys M, Knizhnik S, et al. Field testing of an advanced LWD imaging resistivity tool[C]. SPWLA 48th Annual Logging Symposium, Austin, Texas. Society of Petrophysicists and Well-Log Analysts, 2007: SPWLA-2007-AA.

[32] Prammer M G, Morys M, Knizhnik S, et al. A high-resolution LWD resistivity imaging tool-field testing in vertical and highly deviated boreholes[J]. Petrophysics, 2009, 50(1): 49-66.

[33] Akimov O, Baule A, Fulda C, et al. Real-time imaging while drilling: U. S. 7, 272, 504 [P]. 2007-9-18.

[34] Kumar R, Otaibi S F, Mumtaz A, et al. Effective geosteering using high-resolution electrical images and deep azimuthal resistivity[C]. SPE Saudi Arabia Section Technical Symposium and Exhibition, Al - Khobar, Saudi Arabia. Society of Petroleum Engineers, 2014: SPE - 172179-MS.

[35] Fulda C, Hartmann A, Gorek M. High resolution electrical imaging while drilling[C]. SPWLA 51st Annual Logging Symposium, Perth, Australia. Society of Petrophysicists and Well-Log Analysts, 2010: SPWLA-2010-46830.

[36] Ritter R N, Chemali R, Lofts J, et al. High resolution visualization of near wellbore geology using while-drilling electrical images[C]. SPWLA 45th Annual Logging Symposium, Noordwijk, Netherlands. Society of Petrophysicists and Well-Log Analysts, 2004: SPWLA-2005-V46N2A1.

[37] Morris S, Lofts J C, Lindsay G, et al. High-quality electrical borehole images While-Drilling: Increased confidence in well positioning and drilling-hazard mitigation from real-time data [C]. IADC/SPE Drilling Conference, Miami, Florida. Society of Petroleum Engineers, 2006: SPE-99275-MS.

[38] Mahiout S. High-resolution LWD resistivity images for carbonate facies identification and geosteering[C]. Abu Dhabi International Petroleum Conference and Exhibition, November 11-14. Society of Petroleum Engineers, 2012: SPE-162274-MS.

[39] Bittar M S, Hu G. The Effects of rock anisotropy on LWD toroidal resistivity sensors[C]. SPWLA 45th Annual Logging Symposium, Noordwijk, Netherlands. Society of Petrophysicists and Well-Log Analysts, 2004: SPWLA-2004-WW.

[40] Hu G, Bittar M S, Hou J. Evaluation of horizontal wells using LWD propagation resistivity and laterolog-type resistivity logs[C]. SPE Annual Technical Conference and Exhibition, San Antonio, Texas. Society of Petroleum Engineers, 2006: SPE-103150-MS.

[41] Eric Z, Total A, Ahmet A. Real-time formation evaluation using advanced high resolution LWD resistivity imaging, formation testing, and traditional methods[C]. ADIPEC Technical Conference, 2013.

[42] Lofts J, Morris S, Ritter R, et al, High quality electrical borehole images while drilling provide faster geological petrophysical interpretation, with increased confidence [C]: 46th Annual Logging Symposium, SPWLA, New Orleans, Louisiana, USA, 26-29 June, 2005: SPWLA-2005-BB.

[43] Prilliman J, Bratton T, Fredette M, et al. A comparison of wireline and LWD resistivity images in the Gulf of Mexico[C]. SPWLA 24th Annual Logging Symposium. Society of Petrophysicists and Well-Log Analysts, 1997: SPWLA-1997-DDD.

[44] Wang W H, Thagafy M M. Applications of high-resolution LWD resistivity image logs for carbonate reservoir characterization [C]. SPE Kingdom of Saudi Arabia Annual Technical

Symposium and Exhibition. Society of Petroleum Engineers，2017：SPE-188115-MS.
[45] Rosthal R，Young R，Lovell R，et al. Formation evaluation and geological interpretation from the resistivity-at-the-bit tool[C]. SPE Annual Technology Conference and Exhibition，22-25 October，Dallas，Texas，USA. Society of Petroleum Engineers，1995：SPE-30550-MS.
[46] 王邦伟，张树东，吉人，等．高分辨率随钻电阻率成像测井在四川盆地碳酸盐岩储层的应用[J]．测井技术，2017，41(3)：358-363.
[47] 林楠．随钻电阻率成像技术在页岩气压裂评价中的应用[J]．录井工程，2015，26(2)：16-20.
[48] 路保平，丁士东，何龙，等．低渗透油气藏高效开发钻完井技术研究主要进展[J]．石油钻探技术，2019，47(1)：1-7.
[49] 杨世夺，雷霄，蔡军，等．随钻电阻率成像测井在北部湾碳酸盐岩储层中的综合应用[J]．测井技术，2010，34(2)：177-182.
[50] 路保平，倪卫宁．高精度随钻成像测井关键技术[J]．石油钻探技术，2019，47(3)：148-155.
[51] 李安宗，李启明，朱军，等．方位侧向电阻率成像随钻测井仪探测特性数值模拟分析[J]．测井技术，2014，38(04)：407-410.
[52] 王大力．微电阻率成像测井三维数值模拟[J]．测井技术，2000，24(4)：258-261.
[53] 陈爱新．电阻率成像测井有限元分析[J]．大庆石油地质与开发，2002，21(3)：70-71.
[54] 陈爱新．微电阻率成像仪数值模拟与分析[J]．天然气工业，2006，26(12)：83-85.
[55] 梁灿彬，秦光荣，梁竹健．电磁学[M].3版．北京：高等教育出版社，2012.
[56] 阎照文．ANSYS 10.0 工程电磁分析技术与实例详解[M]．北京：中国水利水电出版社，2006.
[57] 曾余庚．电磁场有限单元法[M]．科学出版社，1982.
[58] Ke S. Full 3-D numerical modeling of borehole electric image logging and the evaluation model of fracture[J]. Science in China Series D：Earth Sciences，2008，51(2)：170-173.
[59] 柯式镇，汤天知，郭彦军，等．微电阻率井周成像测井仪器常数研究[J]．测井技术，2009，33(01)：89-92.
[60] 贾将，柯式镇，康正明，等．螺绕环式随钻电阻率成像测井仪发射技术研究[J]．石油科学通报，2018，3(04)：399-409.
[61] 张冰，随钻电阻率成像仪器发射技术研究[D]．北京：中国石油大学(北京)，2018.
[62] 李新，倪卫宁，康正明，等．一种基于非接触耦合原理的新型随钻微电阻率成像仪器[J]．中国石油大学学报(自然科学版)，2020，44(06)：46-52.
[63] 周庆华，周勇，周志敏，等．纳米晶磁芯螺线管微电感的模拟研究[J]．电子元件与材料，2008(09)：14-17.
[64] 纪松，钱坤明，张延松，等．非晶/纳米晶软磁材料及其应用[J]．兵器材料科学与工程，2005(01)：51-55.
[65] 李大潜，郑宋穆，谭永基．有限元素法在电法测井中的应用[M]．北京：石油工业出版

杜，1980.
[66] 陈亮．斜井、水平井双侧向测井响应三维有限元数值分析[D]．杭州：浙江大学，2008.
[67] Liu D，Ma Z，Xing X，et al. Numerical simulation of LWD resistivity response of carbonate formation using self-adaptive hp-FEM[J]. Applied Geophysics，2013，10(1)：97-108.
[68] Chen J F. An efficient discontinuous Galerkin finite element method with nested domain decomposition for simulations of microresistivity imaging [J]. Journal of Applied Geophysics，2015，114：116-122.
[69] Chen J，Zeng S. Hybridizing semianalytical and conventional finite-element schemes for simulations of electromagnetic borehole resistivity measurement [J]. Geophysics，2017，82 (1)：E17-E26.
[70] Shen L，Wang H，Zhang G. Dual Laterolog response in 3-D environments[J]. Petrophysics，2000，41(3)：234-241.
[71] 康正明，柯式镇，李新，等．钻头电阻率测井仪器探测特性研究[J]．石油科学通报，2017，2(04)：457-465.
[72] 倪卫宁，康正明，路保平，等．随钻高分辨率电阻率成像仪器探测特性研究[J]．石油钻探技术，2019，47(2)：114-119.
[73] 李铭宇，柯式镇，康正明，等．螺绕环激励式随钻侧向测井仪测量强度影响因素及响应特性[J]．石油钻探技术，2018，46(01)：128-134.
[74] 邓少贵，仝兆岐，范宜仁．各向异性倾斜地层双侧向测井响应数值模拟[J]．石油学报，2006，27(3)：61-64.
[75] 董建党．各向异性地层电磁测井响应的时域有限差分方法研究[D]．山东：中国石油大学(华东)，2008：1-2.
[76] 高杰，陈木银，陈雅薇，等．定向井各向异性地层交流电测井响应模拟[J]．勘探地球物理进展，2003，26(4)：301-304.
[77] Sibbit A M，Faivre O. The dual laterolog response in fractured rocks[C]. SPWLA 26th Annual Logging Symposium，Dallas，Texas. Society of Petrophysicists and Well-Log Analysts，1985：SPWLA-1985-T.
[78] 汪涵明，张庚骥．倾斜地层的双侧向测井响应[J]．测井技术，1994(6)：408-412.
[79] 汪涵明，张庚骥，李善军，等．单一倾斜裂缝的双侧向测井响应[J]．中国石油大学学报：自然科学版，1995(6)：21-24.
[80] 李善军，肖永文，汪涵明，等．裂缝的双侧向测井响应的数学模型及裂缝孔隙度的定量解释[J]．地球物理学报，1996，39(06)：845-852.
[81] 吴文圣，陈钢花，雍世和．利用双侧向测井方法判别裂缝的有效性[J]．石油大学学报：自然科学版，2001，25(1)：87-89.
[82] 闫伟林，范晓敏．火成岩中网状裂缝双侧向测井响应特征[J]．吉林大学学報（地球科学版)，2009，39(1)：158-162.
[83] 刘迪仁，夏培，万文春，等．水平井碳酸盐岩裂缝型储层双侧向测井响应特性[J]．岩性

油气藏，2012，24(3)：1-4.
[84] Tan M，Gao J，Wang X，et al. Numerical simulation of the dual laterolog for carbonate cave reservoirs and response characteristics[J]. Applied Geophysics，2011，8(1)：79-85.
[85] 范宜仁，王磊，李虎，等．洞穴型地层双侧向测井响应数值模拟与特征分析[J]. 中国石油大学学报：自然科学版，2014(6)：237-243.
[86] 王磊，范宜仁，高衍武，等．基于3D-FEM的洞穴型地层双侧向测井数值模拟及响应特征研究[J]. 地球物理学报，2017，60(5)：2011-2019.
[87] 邓少贵，莫宣学，卢春利，等．缝-洞型地层缝洞的双侧向测井响应数值模拟[J]. 石油勘探与开发，2012，39(6)：706-712.
[88] 别康，刘敏，王辰伟，等．水平井非平行界面缝洞型储层的双侧向测井响应特性[J]. 工程地球物理学报，2015，12(3)：322-326.
[89] 蔡亚琳，柯式镇，康正明，等．随钻电阻率成像测井在裂缝地层中的响应模拟[J]. 石油科学通报，2020，5(03)：327-336.
[90] Kang Z，Ke S，Li X. et al. 3D FEM simulation of responses of LWD multi-mode resistivity imaging sonde [J]. Applied Geophysics，2018，15(3-4)：401-412.
[91] Kang Z. Ke S. Jiang M. et al. Environmental corrections of a dual-induction logging while drilling tool in vertical wells[J]. Journal of Applied Geophysics，2018，151：309-317.
[92] Jing J，Kang Z，Ke S. et al. The imaging resolution effect of LWD resistivity imaging tool using numerical simulation method[J]. European Association of Geoscientists and Engineers，2019.
[93] Luthi S M，Souhaité P. Fracture apertures from electrical borehole scans[J]. Geophysics，1990，55(7)：821-833.
[94] 康正明，柯式镇，李新，等．随钻电阻率成像测井仪定量评价地层界面探究[J]. 石油钻探技术，2020，48(04)：124-130.
[95] Deng S G，Mo X X，Lu C L，et al. Numerical simulation of the dual laterolog response to fractures and caves in fractured-cavernous formation[J]. Petroleum Exploration and Development，2012，39(6)：751-757.
[96] 康正明，柯式镇，李新，等．基于随钻电阻率成像测井仪的洞穴评价模型理论研究[J]. 中南大学学报(自然科学版)，2021，52(05)：1542-1551.
[97] 邹长春，史謌．一类正弦曲线的Hough变换快速检测方法[J]. 计算机工程与应用. 2002(04)：1-3+78.
[98] 王润生．图像理解[M]. 北京：国防科技大学出版社，1995.
[99] 柯式镇，冯启宁．井壁成像测井资料目标体自动检测方法研究[J]. 石油大学学报(自然科学版)，2004(04)：39-42.
[100] Lai J，Wang G，Wang S，et al. A review on the applications of image logs in structural analysis and sedimentary characterization [J]. Marine and Petroleum Geology，2018，95：

139-166.

[101] 司马立强，疏壮志．碳酸盐岩储层测井评价方法及应用[M]．北京：石油工业出版社，2009.

[102] 中国石油勘探与生产分公司．碳酸盐岩油气藏测井评价技术及应用[M]．北京：石油工业出版社，2009.

[103] 祁兴中，刘兴礼，傅海成，等．电成像测井资料定量处理方法研究及应用[J]．天然气工业，2005(06)：32-34，168-169，138.

[104] 赵良孝，补勇．碳酸盐岩储层测井评价技术[M]．北京：石油工业出版社，1994.

[105] 乔德新．成像测井资料定量计算方法研究及软件开发[D]．北京：中国地质大学(北京)，2005：47-51.

[106] 柯式镇，许淑霞．井壁电成像测井资料定量评价方法研究[J]．天然气工业，2006(09)：62-64，166-167.

[107] 柯式镇．井壁电成像测井全三维数值模拟与裂缝评价模型[J]．中国科学地球科学(中文版)，2008，38：150-153.

[108] Chew W C, Liu Q H. Inversion of induction tool measurements using the distorted Born iterative method and CG-FFHT[J]. IEEE Transactions on Geoscience and Remote Sensing, 1994, 32(4): 878-884.

[109] Hildebrand F B. Introduction to numerical analysis[M]. Courier Corporation, 1987.

[110] Williams C G, Jackson P D, Lovell M A, et al. Essessment and interpretation of electrical borehole images using numerical simulations[J]. Log Analyst, 1997, 38(6): 34-44.

[111] Luthi S M. Geological Well Logs: Their Use in Reservoir Modeling[J]. Journal of Petroleum Science and Engineering, 2003 , 40(3-4): 190.

[112] Maeso C J, Ponziani M, Nir I L, et al. Fracture aperture calculations from wireline and Logging While Drilling imaging tools[C]. SPE Annual Technical Conference and Exhibition, October 27-29. Society of Petroleum Engineers, 2014: SPE-170848-MS.

[113] Maeso C, Dubourg I, Quesada D, et al. Uncertainties in Fracture Apertures Calculated from Electrical Borehole Images[C]. International Petroleum Technology Conference, December 6-9. International Petroleum Technology Conference, 2015: IPTC-18355-MS.

[114] Ponziani M, Slob E. C, Luthi S. M, et al. Fracture characterization from formation microlmager data[C]. 75th EAGE Conference and Exhibition incorporating SPE EUROPEC 2013. European Association of Geoscientists and Engineers, 2013.

[115] Ponziani M , Slob E , Luthi S , et al. Experimental validation of fracture aperture determination from borehole electric microresistivity measurements[J]. Geophysics, 2015, Geophysics, 80(3): D175-D181.

[116] 贾文玉，田素月，孙耀庭，等．像测井技术与应用[M]．北京：石油工业出版

社，2000.
[117] 肖立志，张元中，吴文圣，等．像测井学基础[M]．北京：石油工业出版社，2010.
[118] 赵军龙，朱广社．渗透砂岩天然裂缝综合判识技术研究[M]．北京：石油工业出版社，2011.
[119] 陶宏根，王宏建，傅有升．成像测井技术及其在大庆油田的应用[M]．北京：石油工业出版社，008.
[120] 蔡希源，等．现代测井技术应用典型实例[M]．北京：中国石化出版社，2009.
[121] 高松洋．成像测井资料在裂缝识别中的应用[D]．北京：中国石油大学，2007.
[122] 刘耀伟．电成像测井资料的地层倾角处理方法研究与软件开发[D]．北京：中国石油大学，2007.